高等学校"十三五"规划教材

工程材料及热处理

叶　宏　主编

沟引宁　昌　霞　副主编

化学工业出版社

·北京·

本书面向高等工科院校工程应用型人才培养需求编写，以金属材料为重点，着重介绍了金属材料及热处理的基础知识，同时介绍了常用的非金属材料和新型材料以及工程材料的应用。本书内容包括：材料的性能，金属材料的基础知识，钢的热处理，工业用钢及铸铁，有色金属材料，非金属材料，新型材料以及工程材料的选用等。各章后面附有习题与思考题。

本书可作为高等院校机械类或与机械类相关专业的教学用书及对应专业成人高等教育的教学用书，也可作为一般从事机械、车辆、化工、动力、电力等装置设计、制造及质量控制方面的工程技术人员的参考用书。

图书在版编目（CIP）数据

工程材料及热处理/叶宏主编 . —北京：化学工业出版社，2017.1（2023.2 重印）
高等学校"十三五"规划教材
ISBN 978-7-122-28657-4

Ⅰ.①工… Ⅱ.①叶… Ⅲ.①工程材料-高等学校-教材②热处理-高等学校-教材 Ⅳ.①TB3②TG15

中国版本图书馆 CIP 数据核字（2016）第 304514 号

责任编辑：陶艳玲　　　　　　　　　　　加工编辑：颜克俭
责任校对：边　涛　　　　　　　　　　　装帧设计：关　飞

出版发行：化学工业出版社（北京市东城区青年湖南街 13 号　邮政编码 100011）
印　　装：涿州市般润文化传播有限公司
787mm×1092mm　1/16　印张 11¾　字数 272 千字　2023 年 2 月北京第 1 版第 6 次印刷

购书咨询：010-64518888　　　售后服务：010-64518899
网　　址：http://www.cip.com.cn
凡购买本书，如有缺损质量问题，本社销售中心负责调换。

定　　价：39.00 元

前　言

　　本书是面向高等工科院校机械设计制造及其自动化、机械电子工程、车辆工程、过程装备与控制工程等专业"（机械）工程材料"课程的一本专用教材，也可供有关技术人员学习和参考。

　　本书根据《高等教育基础课程教学基本要求》，围绕培养机械类和近机类应用创新型人才和卓越工程师的需求，对课程内容进行优化整合，建立以培养工程实践能力和创新能力为核心，以金属材料为重点，兼顾非金属及新型材料的全新教学内容体系。编写过程认真总结和吸取了各高等院校近年来工程材料及热处理相关课程改革的成功经验，并汲取其他同类教材的优点。突出以下几个特点。

　　（1）重点突出　以金属材料为重点，兼顾非金属材料，适当增加新材料、新技术及新工艺的内容，反映工程材料的发展趋势。

　　（2）实践性强　针对机械工程发展实际和需要，强调理论联系实际。阐述基础知识的同时，在材料的热处理和选用方面紧密联系实际进行介绍。

　　（3）内容精炼　结合工程应用型人才的特点，力求做到理论深入浅出，通俗易懂、文字简练、条理清楚、图文并茂。

　　（4）规范性强　本书全部采用法定计量单位，名词术语、材料牌号均采用最新国家标准，同时考虑到读者对材料牌号尚不熟悉，保留部分材料的旧牌号用括号表明。

　　本书由叶宏担任主编并统稿，由沟引宁、昌霞任副主编，张小彬、闫忠琳、张春艳、韦志峰参编。

　　本书在编写过程中参考了有关教材和相关文献，并得到了有关单位和领导的支持和帮助，在此表示衷心的感谢。

　　由于编者水平有限，对于书中存在的不当之处，恳请同行批评指正。

编者

2016 年 10 月

目 录

第 3 章　钢的热处理　　　　　　　　　　　　　　　　　　　　　42

第 8 章　工程材料的选用　　166

参考文献　　179

绪 论 »»»

««« 0.1 工程材料与热处理的发展概要 »»»

　　工程材料是人类生产和社会发展的重要物质基础，也是日常生活中不可分割的一个组成部分。人类历史的发展从原始时期的石器时代开始，经历了青铜器时代和铁器时代，将人类带入了农业社会。18 世纪钢铁时代的来临，带来了工业社会的文明。尤其是近百年来，随着科学技术的迅猛发展和社会的需求，新材料更是层出不穷，出现了高分子材料时代、半导体材料时代、先进陶瓷材料时代、复合材料时代、人工合成材料时代和纳米材料时代。历史证明，每一次重大新技术的发现，往往都依赖于新材料的发展。

　　在原始社会的末期，中华民族的祖先最早使用了火烧制陶器。东汉时期出现了瓷器。据考古发现，4000 多年前，金属材料就开始出现在人类的生活中，当时我国的青铜冶炼与铸造技术就已经具有较高的技术水平。在春秋战国时期，我国就发明了炼铁技术，比欧洲早了 1800 多年，当时就开始大量地使用铁器，随后白口铸铁、麻口铸铁、可锻铸铁也相继被开始使用。1953 年从兴隆地区发掘出来的战国铁器遗址中，就有浇注农具用的铁模子，说明当时已经掌握了铁模铸造技术。到了汉代，我国的"先炼铁后炼钢"技术已居世界领先地位。开始使用炼钢技术大量制造钢铁产品。在热处理技术方面，早在西汉就有"水与火合为粹（淬）"之说，东汉时则有"清水淬其锋"等有关热处理技术的记载。在西汉出土的文物如刚剑、书刀等，经金相检验发现，其内部组织接近于淬火马氏体和渗碳体组织，这说明在我国的西汉时期，已经采用了各种热处理方法，并已经具有相当高的技术水平。

　　20 世纪以来，随着现代科学技术的迅猛发展，对材料的技术要求越来越高。在大量发展高性能金属材料的同时，又迅速发展和应用高性能的非金属材料和复合材料。近年来，我国在材料工业领域取得了巨大的成就。我国的钢产量已经跃居世界的前列，在金属材料生产方面已建立了符合我国特点的合金钢系列，且应用范围正在日益扩大。我国广泛采用稀土元素材料，并研制出具有世界先进水平的稀土镁球墨铸铁。许多热处理新工艺、新技术得到了应用和推广。高分子材料、陶瓷材料、复合材料等非金属材料在生产中也逐步得到了应用。

能源、信息和材料已被公认为当今社会发展的三大支柱。科学技术的发展对材料不断提出新的要求。新材料特别是人工合成材料得到快速发展，功能材料、纳米材料等高科技材料正被加速研究，逐渐成熟并获得应用。

《《《 0.2 工程材料的分类 》》》

材料的种类很多，其中用于机械制造的各种材料，称为机械工程材料。材料可按不同的方法分类。

若按用途分类，可将材料分为结构材料和功能材料两大类。结构材料主要是利用材料的力学和理化性质，广泛应用于机械制造、工程建设、交通运输和能源等各个工业部门。功能材料则利用材料的热、光、电、磁等性能，用于电子、激光、通信、能源和生物工程等许多高新技术领域。功能材料的最新发展是智能材料，它具有环境判断功能、自我修复功能和时间轴功能，人们称智能材料是 21 世纪的材料。

若按材料的成分和特性分类，可分为金属材料、无机非金属材料、高分子材料和复合材料。

金属材料又分为黑色金属材料和有色金属材料。黑色金属材料通常包括铁、锰、铬以及它们的合金，是应用最广的金属结构材料。除黑色金属以外的其他各种金属及其合金都称为有色金属。有色金属品种繁多，又可分为轻金属、重金属、高熔点金属、稀土金属、稀散金属和贵金属等。纯金属的强度较低，工业上用的金属材料大多是由两种或两种以上金属经高温熔融后冷却得到的合金。例如由铜和锡组成的青铜，铝、铜和镁组成的硬铝等都是合金。合金也可以由金属元素和非金属元素组成，如碳钢是由铁和碳组成的合金。合金的性能一般都优于纯金属。为了发展航空、火箭、宇航、舰艇、能源等新兴工业，需要研制具有特殊性能的金属结构材料，因此金属材料发展的重点是研制新型金属材料。

陶瓷材料是无机非金属材料中人类应用最早的材料。传统的陶瓷材料是以硅和铝的氧化物为主的硅酸盐材料，新近发展起来的特种陶瓷或称精细陶瓷，成分扩展到纯的氧化物、碳化物、氮化物和硅化物等，因此可称为无机非金属材料。

高分子材料主要有塑料、合成纤维和合成橡胶，此外还有涂料和胶黏剂等。这类材料有优异的性能，如较高的强度、优良的塑性、耐腐蚀、不导电等，发展速度较快，已部分地取代了金属材料。合成具有特殊性能的功能高分子材料是高分子材料的发展方向。

复合材料是由金属材料、无机非金属材料或高分子材料复合组成的。复合材料的强度、刚度和耐腐蚀等性能比单一材料更为优越，是一类具有广阔发展前景的新型材料。

《《《 0.3 课程的任务、目的与要求 》》》

本课程是高等院校工程技术类专业的一门必修的技术基础课，有较强的理论性和应用性。

本课程以工程材料为研究对象，以金属材料为主，探讨材料的成分、组织结构、性能及应用之间的关系，介绍常用工程材料的性能及应用。培养学生具有根据各种不同零件的使用要求，合理地选用材料的初步能力。

贯穿本课程的主线是：材料的化学成分＋加工工艺—组织结构—性能—选择材料—使用材料。

本课程基本要求如下。

① 基本理论方面　了解金属及合金的组织结构对金属材料性能的影响；了解强化金属材料的基本途径；具有分析和应用 Fe-Fe_3C 相图和奥氏体等温转变图（C 曲线）的初步能力，熟悉金属热处理的基本概念。

② 热处理工艺方面　掌握热处理在机械零件加工工艺流程中的位置和作用。

③ 金属材料方面　熟悉常用金属材料的牌号、成分、组织、性能及用途。

④ 非金属材料方面　熟悉常用工程塑料的种类、性能及应用；了解橡胶、陶瓷、复合材料等的特点及应用。

⑤ 选材方面　掌握机械零件的失效类型和选材的基本原理与方法。

第1章

材料的性能 »»»

金属材料种类繁多，具有许多优良的性能，广泛应用于制造各种机械、构件、生产工具和生活用具。金属材料的性能包括使用性能和工艺性能两个方面：使用性能是指材料在使用条件下的性能，包括力学性能、物理性能和化学性能等；工艺性能是指材料在制造过程中适应加工工艺的能力，包括铸造、锻压、焊接、热处理和切削性能等。

«« 1.1 材料的力学性能 »»

材料在加工和使用过程中，总要受外力（或称载荷）。材料受外力作用时所表现的性能称为力学性能，包括强度、塑性、硬度、韧性及疲劳强度等。合理的力学性能指标，可为零件的正确设计、合理选用、工艺路线制订提供依据。

1.1.1 强度

材料在外力作用下所产生的形状、尺寸变化称为变形。当所受外力撤掉后，那些能够恢复的变形称为弹性变形；不能恢复的变形称为塑性变形。材料在外力作用下抵抗变形和断裂的能力称为强度。根据外力作用的方式，强度有多种指标，如抗拉、抗压、抗弯、抗剪和抗扭强度等。其中又以屈服强度和抗拉强度应用最多。

金属材料强度靠拉伸试验测定。试样通常为光滑圆柱状，其两端由拉伸试验机夹紧，并缓慢而均匀地施加单轴拉力，如图 1-1 所示。随拉力的增大，试样开始拉长变形，直至断裂。自动记录装置记录试样应变 e（试样原始标距的伸长与原始标距 L_0 之比的百分率）随应力 R（任一时刻的力除以试样原始横截面积 S_0 的商）变化的应力-应变曲线，图 1-2

为典型低碳钢的应力-应变曲线（不同材料呈现出不同的应力-应变曲线）。

$$R = F/S_0 \text{(MPa)}$$

$$e = \Delta l/l_0 = (l_1 - l_0)/l_0 (\%)$$

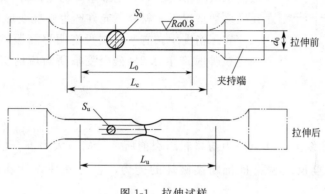

图 1-1 拉伸试样

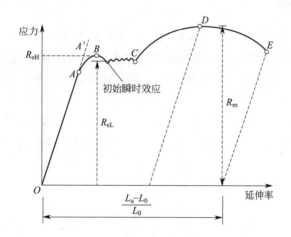

图 1-2 低碳钢应力-应变曲线

低碳钢应力-应变曲线明显地出现了下面几个变形阶段。

OA 段为弹性阶段：此时卸掉载荷试样可以恢复原来尺寸。

BC 段为屈服阶段：当应力超过 *A* 点时，试样除了弹性变形外，还产生塑性变形。即载荷卸掉后，一部分形变可以恢复；一部分形变不能恢复。在此阶段，应力几乎不增加，但应变继续增加。

CD 段为大量变形阶段：因材料加工硬化，欲使试样继续变形必须加大载荷。随着塑性变形增加，材料变形抗力也逐渐增加。

DE 段为颈缩阶段：当载荷达到最大值后，试样的直径发生局部收缩（颈缩）。应力明显下降，试样继续伸长，直至 *E* 点断裂。

(1) 屈服强度

在图 1-2 中，应力超过 *B* 点后，在 *BC* 段材料发生塑性变形，长度伸长而应力却不增

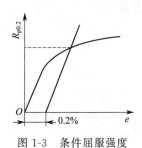

图 1-3　条件屈服强度

加，称为屈服。此时的应力称为屈服强度 R_e。试样因发生屈服而首次下降前的最大应力称为上屈服强度 R_{eH}；试样在屈服期间，不计瞬时效应时的最小应力称为下屈服强度 R_{eL}。

屈服强度表示材料抵抗微量塑性变形的能力，反映了其抵抗永久变形的能力，是最重要的零部件材料设计指标之一。在大多数情况下，材料不允许产生塑性变形（图 1-3）。

实际情况中，有些材料没有明显屈服现象，因此工程上规定拉伸时产生 0.2% 残余变形所对应的应力为条件屈服强度 $R_{p0.2}$。

（2）抗拉强度

在应力-应变曲线上，D 点应力与材料断裂前所承受的最大力 F_m 相对应，称为抗拉强度 R_m。抗拉强度反映材料抵抗断裂破坏的能力，也是零件设计和材料评价的重要指标。

（3）弹性与刚度

A 点位置应力称为弹性极限；其中 OA' 部分为斜直线，表示其应力与应变呈正比，A' 点位置应力称为比例极限。低于比例极限的应力与应变的比值称为弹性模量 E。E 实际上是 OA 段的斜率，其意义是产生单位弹性变形时所需应力大小。弹性模量主要取决于材料的本性，是材料最稳定的特性之一，它除随温度升高而逐渐降低外，受其他强化手段（如热处理、冷热加工、合金化等）的影响很小。材料受力时抵抗弹性变形的能力称为刚度，其指标即为弹性模量。弹性模量与形状有关，可通过增加横截面积或改变截面形状的方法提高零件的刚度。

1.1.2　塑性

塑性是指材料受力破坏前承受最大塑性变形的能力，指标为断后伸长率 A 和断面收缩率 Z。

断后伸长率是试样断裂后，标距部分的残余伸长与原始标距长度之比的百分率；断面收缩率是试样断裂后，横截面积的最大缩减量与原始横截面积之比的百分率：

$$A = \frac{L_u - L_0}{L_0} \times 100\%$$

$$Z = \frac{S_0 - S_u}{S_0} \times 100\%$$

式中，L_0 为原始标距；L_u 为断后标距；S_0 为原始横截面积；S_u 为最小横截面积。

伸长率的数值和试样的标距长度有关，标准圆形试样有短试样（$L_0 = 5d_0$，d_0 为试样直径）和长试样（$L_0 = 10d_0$）两种，分别用 A 和 $A_{11.3}$ 表示。

A 和 Z 值越大，材料的塑性越好。良好的塑性是材料进行压力加工的必要条件；断裂前形变量大，有利于机械零件的警示作用，不至于出现突然断裂。

1.1.3 硬度

材料表面局部区域抵抗其他硬物压入的能力称为硬度。硬度越高，表示材料抵抗局部塑性变形的抗力越大。在一般情况下，硬度高耐磨性就好；工程上还可以用硬度高的材料切削、磨加工硬度低的材料。根据测量方法不同，常用的硬度指标有布氏硬度、洛氏硬度和维氏硬度等。

(1) 布氏硬度

测定布氏硬度的原理如图 1-4 所示。用一定直径的钢球或硬质合金球，在一定载荷的作用下压入试样表面，按规定保持一定时间后卸除载荷，所施加的载荷与压痕球形表面积的比值即为布氏硬度。布氏硬度值可通过测量压痕平均直径 d 查表得到。当压头为钢球时，布氏硬度用符号 HBS 表示，适用于布氏硬度值在 450 以下的材料。压头为硬质合金时用符号 HBW 表示，适用于布氏硬度在 650 以下的材料。实际应用中，布氏硬度不标注单位，也不用于计算。

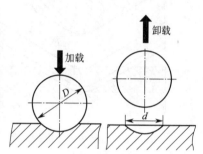

图 1-4　测定布氏硬度的原理

布氏硬度表示方法是硬度数值位于符号前面，符号后面的数值依次是球体直径、载荷大小和载荷保持时间。例如，120HBS10/1000/30 表示直径为 10mm 的钢球在 1000kgf（9.807kN）载荷作用下保持 30s 测得的布氏硬度值为 120。

布氏硬度的优点是测量误差小，数据稳定；缺点是测量费时、压痕大，不适于太薄件、成品件或 HBW 值大于 650 的材料。最常用的钢球压头适于测定退火钢、正火钢、调质钢、铸铁及有色金属的硬度。

(2) 洛氏硬度

利用一定载荷将特定的压头压入被测试样表面，保持一定时间后卸除载荷，根据压痕深度确定的硬度值称为洛氏硬度。洛氏硬度用符号 HR 表示，根据压头类型和主载荷不同，分为 15 种标尺，用于测定不同硬度的材料，常用的标尺为 A、B、C，如表 1-1 所示。

表 1-1　常用洛氏硬度的符号、试验条件及应用

硬度符号	压头类型	总载荷/kgf(N)	硬度值有效范围	应用举例
HRA	120°金刚石圆锥体	60(588.4)	20～85	硬质合金、陶瓷、表面淬火钢、渗碳钢等
HRB	φ1.588mm 钢球	100(980.7)	25～100	有色金属、退火钢、正火钢等
HRC	120°金刚石圆锥体	150(1471.1)	20～67	淬火钢、调质钢等

图 1-5 为洛氏硬度测量原理，将压头先加载初试实验力 F_0，保持时间不超过 3s，压入到 b；再施加主试验力 F_1 压入到 c。经规定保持时间后，卸除主试验力，测量在初试实验力下的残余压痕深度 bd，在洛氏硬度计的刻度盘上直接读出洛氏硬度值。

国家标准规定洛氏硬度的硬度值标在硬度符号前，如 55～60HRC。数值越大硬度越高。

洛氏硬度的优点是操作迅速简便，压痕小，对工件表面损伤小，适于成品件、表面热处理工件及硬质合金等的检验；缺点是由于压痕小，易受金属表面或内部组织不均匀影响，测量结果分散度大，不同标尺的洛氏硬度值不能直接互相比较。

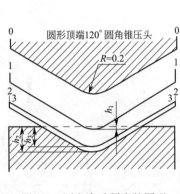

图 1-5　测定洛氏硬度的原理

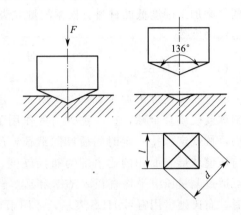

图 1-6　测定维氏硬度的原理

(3) 维氏硬度

维氏硬度测定原理与布氏硬度基本相同，但使用的压头是锥面夹角为 $136°$ 的金刚石正四棱锥体，如图 1-6 所示。测量出试样表面压痕对角线长度的平均值 d，计算出压痕的面积 S，F/S 即为维氏硬度值，记作 HV。

维氏硬度保留了布氏硬度和洛氏硬度的优点，既可测量由极软到极硬的材料的硬度，又能互相比较。既可测量大块材料、表面硬化层的硬度，还可测量金相组织中不同相的硬度。由于维氏硬度用的载荷小、压痕浅，特别适合测量软、硬金属及陶瓷等，还可测量显微组织的硬度。

各种不同方法测得的硬度值之间可以查表互换，$61HRC = 82HRA = 627HB = 803HV30$。

铝合金的硬度一般低于 150HB，铜合金的硬度范围约为 70～200HB。退火态的低碳钢、中碳钢、高碳钢的硬度分别约为 120～180HB、180～250HB、250～350HB。中碳钢淬火后硬度可达 50～58HRC，高碳钢淬火后硬度可达 60～65HRC。

1.1.4　韧性

(1) 冲击韧性

活塞销、冲模、锻模、锤杆等许多机械构件在服役时受到冲击载荷的作用。材料抵抗冲击载荷作用而不被破坏的能力称为冲击韧性。在如图 1-7 所示的摆锤式冲击试验机上用规定高度的摆锤对位于简支梁位置的缺口试样（U 形缺口或 V 形缺口）进行一次冲断。测得试样的冲击吸收能量（摆锤冲断试样所损失的势能）用符号 A_k 表示，并得到材料的

冲击韧度 $a_k(J/m^2)$：

$$a_k = \frac{A_k}{S_0}$$

其中，S_0 为缺口处的截面积。a_k 值越大，材料的韧性越好。

材料冲击韧度与许多因素有关，如试样形状、表面粗糙度、内部组织及测试温度等，且对材料的缺陷（如晶粒大小、夹杂物等）十分敏感。

高分子材料的冲击韧度小于金属，可将不饱和聚酯树脂用玻璃纤维强化，成为玻璃钢；或将橡胶与塑料机械混合成为橡胶塑料，都能够大幅度提高冲击韧度值。

新标准 GB/T 229—2007 中规定冲击吸收能量用 K 表示，用字母 U 和 V 表示缺口几何形状，用下标数字 2 或 8 表示摆锤刀刃半径，例如 KU_2。

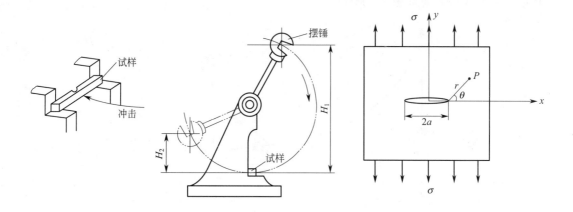

图 1-7　摆锤式冲击试验机示意　　　　　图 1-8　含穿透裂纹的大板

(2) 断裂韧性

在工程上，桥梁、船舶、轧辊等构件有时会在远低于材料屈服强度的应力作用下断裂。究其原因是构件内部或多或少地存在裂纹（或相当于裂纹的缺陷）。裂纹在应力作用下失稳扩展（与稳态扩展相对），造成构件发生危险的突然断裂。材料抵抗裂纹失稳扩展的能力称为断裂韧性。

如图 1-8 所示，板件内有一长为 $2a$ 的裂纹，根据线弹性断裂力学分析，在失稳扩展前的瞬间，裂纹扩展的临界状态所对应的应力场强度因子 K_{IC}（I 表示张开型裂纹）：

$$K_{IC} = Y\sigma_C\sqrt{a_C}$$

式中，σ_C 为断裂应力；a_C 为临界裂纹半长；Y 是与裂纹形状、加载方式、试样几何形状相关的量（可查手册得到）。K_{IC} 也称为材料的断裂韧性。

由此可知，当裂纹尺寸一定，外应力 $\sigma > \dfrac{K_{IC}}{Y\sqrt{a}}$ 时裂纹将失稳扩展。有些构件中存在沟槽、孔洞、焊缝等必须存在的结构时，可以将这些缺陷位置等效成裂纹以计算允许加载载荷。断裂韧性 K_{IC} 是材料本身的特性，由材料的成分、组织状态决定，与裂纹的尺寸、形状以及外加应力大小无关。

1.1.5 疲劳强度

交变载荷是指大小或方向随时间而变化的载荷。曲轴、齿轮、连杆、弹簧等许多构件常在交变载荷下工作。材料常常在大大低于其屈服强度的交变载荷下发生断裂，这种现象称为疲劳断裂。实际服役的金属材料有 90% 是因为疲劳而破坏。疲劳破坏是脆性破坏，它的一个重要特点是具有突发性，因而更具灾难性。

在给定应力条件下，材料发生疲劳破坏所对应的应力循环次数称为疲劳寿命；相应地，材料在规定次数的交变载荷作用下，不发生断裂时的最大应力称为疲劳强度，用 σ_D 表示。在工程中，一般规定钢铁材料 N 取 10^7 次；有色金属和某些超高强度钢，N 常取 10^8 次。S-N 曲线示意如图 1-9 所示。

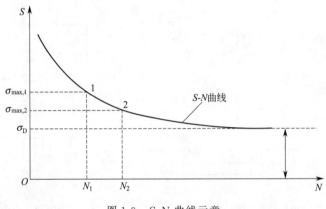

图 1-9　S-N 曲线示意

金属材料的疲劳强度较高，纤维增强复合材料也有较高的抗疲劳性能；陶瓷、高分子材料的抗疲劳性能则很低。材料的疲劳强度可受循环应力特征、温度、材料成分和组织、夹杂物、表面光洁度及残余应力等诸多因素的影响。

提高零件的疲劳抗力，除应合理选材外，还应注意其结构形状，避免应力集中，减少气孔、夹杂等缺陷，提高表面光洁度等。还可以进行表面强化，如喷丸处理、表面热处理、镀膜等。

《《《 1.2　材料的物理和化学性能 》》》

1.2.1　材料的物理性能

（1）熔点

熔点是指材料由固态向液态转化的温度。一般来说，材料的熔点越高，材料在高温下保持高强度的能力越强。熔点高的难熔金属，如钨、钼、钒等，可以用来制造耐高温零件；熔点低的易熔金属，如铅、锡等，可用于制造保险丝和防火安全阀等。

（2）密度

单位体积材料的质量称为材料的密度 ρ。对于运动构件，材料的密度越小，消耗的能量越少，效率越高。材料的抗拉强度与密度之比称为比强度。在航空航天领域，选用高比强度的材料就显得尤为重要。元素周期表中原子序数越小的元素，其密度越小。

（3）导电性

材料的导电性与材料的电阻密切相关，常用电阻率表示。金属通常具有较好的导电性，其中最好的是银，铜和铝次之。合金的导电性比纯金属差，含有杂质或受到冷变形会导致金属的电阻上升。金属具有正的电阻温度系数，即随温度升高，电阻增大。电阻率小的金属（铜、铝）适于制造导电零件和电线；电阻率大的金属或合金（钨、钼、铁铬铝合金等）适于制造电热元件。

（4）导热性

材料导热性的常用热导率表示。热导率 λ 是指在单位温度梯度下，单位时间内通过垂直于热流方向单位截面积上的热流量。金属中，导热性最好的是银，铜和铝次之。材料的导热性越差，在加热和冷却时表面和内部的温差越大，内应力越大，越容易发生变形和开裂。导热性好的金属散热性也好，用以制造散热器、热交换器等。

（5）热膨胀性

大部分固体材料在加热时都发生膨胀，材料的热膨胀性通常用线膨胀系数表示。它是温度升高 1℃ 时单位长度材料的伸长量。对于特别精密的仪器，应选择热膨胀系数低的材料。在材料热加工和热处理过程中更要考虑其热膨胀行为，如果表面和内部热膨胀不一致，就会产生内应力，导致材料变形或开裂。有时还可以利用热膨胀时的尺寸变化，在高温时安装构件，以达到常温下紧密连接的效果。

（6）磁性

金属材料分为三大类：铁磁性材料，如铁钴等，在外磁场中能强烈地被磁化；顺磁性材料，如锰、铬等，在外磁场中只能微弱地被磁化；抗磁性材料，如铜、锌等，能抗拒或削弱外磁场对材料本身的磁化作用。

铁磁性材料可以用于制造变压器、电动机、测量仪表等；抗磁性材料则用于航海罗盘等需要避免电磁场干扰的零件中。当温度升高到居里温度时，铁磁性材料磁畴被破坏，变为顺磁体，如铁的居里温度是 770℃。

1.2.2 材料的化学性能

（1）耐蚀性

腐蚀是指材料在氧、水蒸气、电解质等外部介质作用下发生逐渐破坏的现象。材料抵抗各种介质腐蚀破坏的能力称为耐蚀性。在金属材料中，碳钢、铸铁的耐蚀性较差，而不锈钢、铝合金、铜合金、钛及其合金耐蚀性较好。不锈钢是食品、制药、化工工业中重要的使用材料。

（2）热稳定性

材料抵抗高温氧化的能力称为抗氧化性。抗氧化的金属材料常在表面形成一层致密的保护性氧化膜，阻碍氧的进一步扩散，这类材料的氧化一般遵循抛物线规律，而形成多孔疏松或挥发性氧化物材料的氧化则遵循直线规律。

钛合金、铜合金的抗氧化性能较高；碳钢的抗氧化性能较低，加入铬、硅等合金元素，可提高钢的抗氧化性。如合金钢42Cr9Si2，含有9％铬和2％硅，可制造内燃机排气阀及加热炉底板等，用于高温条件下。耐蚀性和抗氧化性统称为材料的化学稳定性。高温下的化学稳定性称为热化学稳定性。在高温下工作的设备或零部件，如锅炉、汽轮机和飞机发动机等应选择热化学稳定性高的材料。

《《《 1.3 材料的工艺性能 》》》

金属材料的一般加工过程如下。

在零部件铸造、锻造、焊接、机加工等加工前后过程中，还常伴随着不同类型的热处理。工艺性能直接影响零件质量，在选材和制定加工工艺路线时应予考虑。

（1）铸造性

铸造性是指浇注时金属液体充满比较复杂的铸型并获得外形完整、尺寸精确优质铸件的能力，包括流动性、收缩性和偏析等。金属液体流动性好、易形成集中缩孔、偏析小等特性，是铸造性好的标志。

（2）锻造性

可锻性是金属材料易于锻压成型的能力，主要取决于金属材料的塑性和变形抗力。塑性变形温度范围越宽、变形抗力越小金属的锻造性能越好。铜合金和铝合金在室温下具有良好的锻造性；碳钢在加热状态下锻造性能较好，其中低碳钢又优于高碳钢，铸铁不能锻造。

（3）焊接性

焊接性是材料易于被焊接到一起并获得优质焊缝的能力。钢的含碳量直接影响焊接性，含碳量越低，焊接性越好；铜合金和铝合金的焊接性都较差；灰铸铁的焊接性很差。

（4）切削加工性

切削加工性实质材料容易被切削加工并得到精确的形状和高光洁度的能力，一般用切削后的表面粗糙度和刀具寿命来评价。材料的化学成分、组织、硬度、韧性、等都可影响其切削加工性。改善钢的切削加工性，可以在钢种加入少量铅、磷等元素和进行热处理等。

（5）热处理工艺性

钢铁材料的热处理工艺性能，见第 3 章内容。

（6）黏结固化性

高分子、陶瓷、粉末冶金及复合材料，有在一定条件下同黏结-固化剂固化的工艺。材料的黏结固化性影响材料的成型性。

━━━━ 习题与思考题 ━━━━

1. 以低碳钢拉伸应力-应变曲线为例，指出材料为什么不能应用于其屈服强度之上的受力状态？

2. 可否通过增加零件的尺寸来提高其弹性模量？

3. 结合身边的实例，说明塑性指标对于金属材料构件安全性的意义。

4. 结合三种硬度测定法，指出其各自的适用范围，并判断库存钢板、硬质合金刀片、电镀硬铬层、钢中的碳化物颗粒等，分别应采用哪种硬度测定法？

5. 什么是疲劳强度？评价指标是什么？如何防止零件产生疲劳破坏？

第2章
金属材料的基础知识 >>>

金属材料是由金属元素或以金属元素为主要材料构成的，并具有金属特性的工程材料。金属材料种类繁多，用途广泛，按化学组成分类，金属材料分为黑色金属和有色金属两大类。黑色金属主要是指以铁或以铁为主形成的金属材料，即钢铁材料，如钢和生铁。有色金属是指除钢铁材料以外的其他金属，如金、银、铜、铝、镁、钛、锌、锡、铅等。

<<< 2.1 金属与合金的晶体结构 >>>

金属材料的性能主要由其化学成分和内部组织结构决定。金属材料在固态下通常是晶体。研究金属材料的内部结构即研究其晶体结构，是了解金属材料性能、正确选用材料的基础。

2.1.1 金属的理想晶体结构

(1) 晶体与非晶体

物质都是由原子组成的，根据原子排列的特征，固态物质可分为晶体与非晶体两类。晶体是原子在三维空间呈有规律地周期性重复排列所形成的物质［图 2-1(a)］，具有固定熔点和各向异性的特征，如金刚石、石墨及一般固态金属与合金等均是晶体。非晶体是其内部原子在三维空间无规则地堆积在一起形成的物质，无固定熔点，具有各向同性的特征，如玻璃、沥青、石蜡、松香等都是非晶体。

应当指出，物质在不同条件下，既可以形成晶体结构，又可形成非晶体结构，晶体和非晶体在一定条件下是可以相互转化的。

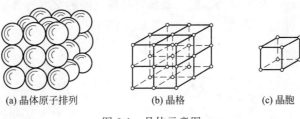

(a) 晶体原子排列　　　(b) 晶格　　　(c) 晶胞

图 2-1　晶体示意图

（2）晶体的基本概念

① 晶格　为了便于描述和理解晶体中原子在三维空间排列的规律性，可以近似地把晶体中的原子看成固定不动的刚球，并用一些假想的直线将各原子中心连接起来，形成一个空间格架［图 2-1(b)］。这种抽象地用于描述原子在晶体中排列形式的几何空间格架，称为晶格。

② 晶胞　根据晶体中原子排列规律性和周期性的特点，通常从晶格中选取一个能够充分反映原子排列特点的最小几何单元进行分析。这个最小的几何单元称为晶胞［图 2-1(c)］。

（3）金属中常见的晶格类型

在工业上常用的金属中，大部分金属的晶体结构分别属于下述三种类型。

① 体心立方晶格　这种晶格的晶胞是立方体，立方体的八个顶角和中心各有一个原子，如图 2-2 所示。具有这种晶格的金属有钨（W）、钼（Mo）、铬（Cr）、钒（V）、α 铁（α-Fe）等。

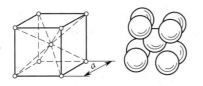 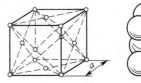

图 2-2　体心立方晶格示意　　　　　图 2-3　面心立方晶格示意

② 面心立方晶格　这种晶格的晶胞也是立方体，立方体的八个顶角和六个面的中心各有一个原子，如图 2-3 所示。具有这种晶格的金属有金（Au）、银（Ag）、铝（Al）、铜（Cu）、镍（Ni）、γ 铁（γ-Fe）等。

③ 密排六方晶格　这种晶格的晶胞是密排六方柱体，在六方柱体的十二个顶角和上下底面中心各有一个原子，另外在上下面之间还有三个原子，如图 2-4 所示。具有此种晶格的金属有镁（Mg）、锌（Zn）、铍（Be）、α 钛（α-Ti）等。

2.1.2　金属的实际晶体结构

如果一块晶体内部的晶格位向（即原子排列的方向）完全一致，称这块晶体为单晶体。只有采用特殊方法才能获得金属单晶体。实际工程中使用的金属材料即使体积很小，其内部仍包含了许多颗粒状的小晶体，各小晶体中原子排列的方向不尽相同，如图2-5所示。这些外形不规则的小晶体称为晶粒。晶粒与晶粒之间的交界称为晶界。这种实际上由许多晶粒组成的晶体称为多晶体。

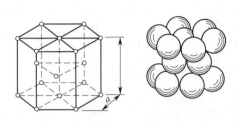

图 2-4 密排六方晶格示意

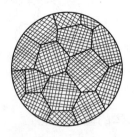

图 2-5 金属的多晶体结构示意

由于一般金属是多晶体结构，故通常测出的性能是各个位向不同的晶粒的平均性能，结果使金属显示出各向同性。

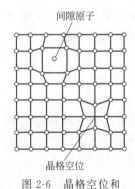

间隙原子

晶格空位

图 2-6 晶格空位和间隙原子示意

实际上，在晶粒内部某些局部区域，原子的排列往往会受到干扰而被破坏，不能呈现出理想的规则排列，这种原子排列不规则的部位称为晶体缺陷。晶体缺陷对金属的性能影响很大。根据晶体缺陷的几何特点，可将其分为点缺陷、线缺陷和面缺陷三种类型。

（1）点缺陷——空位和间隙原子

点缺陷是指在晶体中长、宽、高尺寸都很小的一种缺陷。最常见的缺陷是晶格空位和间隙原子。原子空缺的位置叫空位；存在于晶格间隙位置的原子叫间隙原子，如图2-6所示。

在空位和间隙原子附近，由于原子间作用力的平衡被破坏，使周围原子发生靠拢或撑开而产生晶格畸变。晶格畸变将使金属的强度、硬度、电阻增加，塑性下降。

（2）线缺陷——位错

线缺陷是指在晶体中呈线状分布（在一维方向上的尺寸很大，而另外两维方向尺寸则很小）原子排列不均衡的晶体缺陷。如图2-7所示。这种缺陷主要是指各种类型的位错。所谓位错是指晶格中一列或若干列原子发生了某种有规律的错排现象。由于位错存在，造成金属晶格畸变，并对金属的性能，如强度、塑性、疲劳及原子扩散、相变过程等产生重要影响。

（3）面缺陷——晶界和亚晶界

面缺陷是指在二维方向上尺寸很大，在第三维方向上的尺寸很小，呈面状分布的缺陷，如图2-8所示。通常面缺陷是指多晶体中的晶界和亚晶界。在晶界处，原子呈不规则排列，使晶格处于畸变状态，它在常温下对金属的塑性变形起阻碍作用，从而使金属材料的强度和硬度提高。

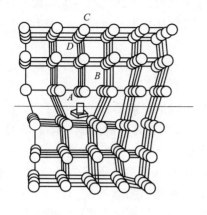

图 2-7　刃型位错示意

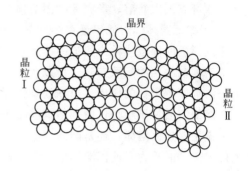

图 2-8　晶界过渡结构示意

2.1.3　合金的晶体结构

纯金属因强度、硬度等力学性能较低，在应用上受到一定限制。所以工程上使用的金属材料大多是合金。合金是指由两种或两种以上的金属元素（或金属与非金属元素）组成的，具有金属特性的物质。组成合金的最基本的、独立的单元叫做组元。由两个组元组成的合金称为二元合金，由三个组元组成的合金称为三元合金。

组成合金的元素相互作用会形成各种不同的相。相是指合金中具有同一化学成分、同一结构和原子聚集状态，并以界面互相分开的、均匀的组成部分。由于形成条件不同，各相可以不同数量、形状、大小和分布方式组合，构成了我们在显微镜下观察到的不同组织。所谓组织是指用肉眼或显微镜观察到的不同组成相的形状、尺寸、分布及各相之间的组合状态。

由于合金的性能取决于组织，而组织又首先取决于合金中的相，所以，为了掌握合金的组织和性能，首先必须了解合金的相结构。合金的相结构是指合金中的晶体结构。固态合金的相结构可分为固溶体和金属化合物两大类。

（1）固溶体

合金组元通过溶解形成一种成分和性能均匀的且结构与组元之一相同的固相，称为固溶体。在固溶体中晶格类型保持不变的组元称为溶剂。因此，固溶体的晶格类型与溶剂相同，固溶体中的其他组元称为溶质。根据溶质原子在溶剂晶格中所占位置，可将固溶体分为置换固溶体和间隙固溶体两种类型。

① 置换固溶体　溶质原子替换了一部分溶剂原子而占据溶剂晶格部分结点位置而形成的固溶体称为置换固溶体，如图 2-9（a）所示。按溶质溶解度不同，置换固溶体又可分为有限固溶体和无限固溶体两种。其

○ 溶剂原子　　　　· 溶质原子
● 溶质原子　　　　○ 溶剂原子

（a）置换固溶体　　　　（b）间隙固溶体

图 2-9　固溶体的类型

溶解度主要取决于组元间的晶格类型、原子半径和原子结构。实践证明,大多数合金只能有限固溶,且溶解度随着温度的升高而增加,只有两组元晶格类型相同,原子半径相差很小时,才可以无限互溶,形成无限固溶体。

② 间隙固溶体 溶质原子在溶剂晶格中不占据溶剂结点位置,而是嵌入各结点之间的间隙而形成的固溶体称为间隙固溶体。如图 2-9(b)所示。

由于溶剂晶格的间隙有限,所以间隙固溶体只能有限溶解溶质原子,同时只有在溶质原子与溶剂原子半径的比值小于 0.59 时,才能形成间隙固溶体。间隙固溶体的溶解度与温度、溶剂溶质原子半径比值和溶剂晶格类型等有关。

无论是置换固溶体,还是间隙固溶体,异类原子的插入都将使固溶体晶格发生畸变,增加位错运动的阻力,使固溶体的强度、硬度提高。这种通过溶入溶质原子形成固溶体,从而使合金强度、硬度升高的现象称为固溶强化。固溶强化是强化金属材料的重要途径之一。同时,只要适当控制固溶体中溶质的含量,就能在显著提高金属材料强度的同时仍然使其保持较高的塑性和韧性。

(2)金属化合物

金属化合物是指合金组元间发生相互作用而形成的晶格类型和特性完全不同于任一组元的新相。例如铁碳合金中的渗碳体就是铁和碳组成的化合物 Fe_3C。金属化合物一般熔点较高,硬度高,脆性大。合金中含有金属化合物时,强度、硬度和耐磨性提高,而塑性和韧性降低。

≪≪≪ 2.2 纯金属的结晶 ≫≫≫

金属由液态转变为固态的过程称为凝固。由于凝固后的固态金属通常是晶体,所以又将这一转变过程称为结晶。从微观上看,是原子从不规则排列状态结构逐步过渡到规则排列的晶体状态的过程。

2.2.1 纯金属的冷却曲线与过冷现象

金属结晶是液态金属原子规则排列的过程,冷却时,液态金属的温度随时间的延长而降低,结果形成了金属结晶时的冷却曲线,如图 2-10 所示。由图可见,液态金属结晶前随着冷却时间的增加,由于向周围散失热量,温度不断下降。当冷却到某一温度时,金属的温度不再随着时间的增加而下降,在冷却曲线上出现一个平台,这个平台对应的温度,就是纯金属的结晶温度,平台对应的过程为纯金属的结晶过程。冷却曲线上出现平台的原因,是由于金属在结晶过程中释放出来的结晶潜热补偿了散失在空气中的热量,从而使金属的温度保持不变。金属结晶结束后,由于没有结晶潜热补偿散失的热量,因此随冷却时间的增加,金属的温度不断下降。

液态金属在无限缓慢的冷却条件下结晶的温度称为理论结晶温度,用 T_0 来表示。从

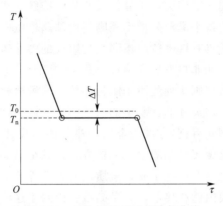

图 2-10　纯金属结晶时的冷却曲线

冷却曲线可看到，纯金属液体在理论结晶温度 T_0 时，不会结晶。在实际生产中，金属结晶时的冷却速度是比较快的，此时液态金属将在理论结晶温度以下的某一温度 T_n 才开始结晶。金属的实际结晶温度 T_n 低于理论结晶温度 T_0 的现象，称为过冷现象。

理论结晶温度 T_0 与实际结晶温度 T_n 之差 ΔT 称为过冷度，即 $\Delta T = T_0 - T_n$。过冷度 ΔT 与冷却速度有关，一般的规律是冷却速度越大，过冷度就越大，即金属的实际结晶温度就越低。

2.2.2　纯金属的结晶过程

纯金属的结晶过程是由晶核不断形成和长大这两个基本过程完成的，如图 2-11 所示。

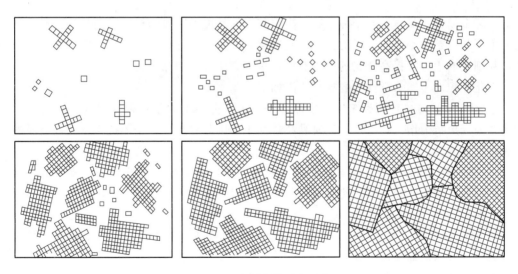

图 2-11　金属结晶过程示意

金属结晶时，当液态金属的温度低于理论结晶温度时，液态金属中原本存在的许多类似于晶体中原子有规则排列的一部分小集团就形成稳定的结晶核心，称为形核。随着温度的降低，液态金属的原子不断向晶核聚集，使晶核长大。同时液态金属中又会有新的晶核形成并长大，直至液态金属全部消失，小晶体彼此相互接触完成结晶过程。结晶后每一个晶核长大成为一个晶粒，而每个晶粒外形不规则但内部晶格位向大致相同。液态金属中有许多晶核，因此结晶后形成具有许多位向不同晶粒组成的多晶体。

晶核的形成有自发形核和非自发形核两种方式。

结晶以液态金属中类似规则排列的原子团为晶核，这种形核方式为自发形核。自发形核时只有液态金属中大于一定尺寸的、稳定的原子团才能成为结晶的核心。而结晶时只有过冷度很大（达到几十度到几百度），液态金属中原子团的尺寸才能够达到形核要求，完成形核。因此自发形核不是金属结晶的主要形核方式，只是结晶时的辅助形核方式。实际液态金属中总是不可避免地存在一些杂质，杂质的存在常常促使金属原子在其表面形核。此外，液态金属总是与锭模内壁相接触，于是晶核就依附于这些现成的固体表面形成。这种依靠外来质点作为结晶核心的形核方式称为非自发形核。非自发形核需要的过冷度很小，是金属结晶形核的主要方式。

晶核长大的实质是原子由液体向固体表面转移的过程。纯金属结晶时，晶核长大方式主要有两种：一种是平面长大方式；另一种是树枝状长大方式。

晶核长大方式取决于冷却条件，同时也受晶体结构、杂质含量的影响。当过冷度较小时，晶核主要以平面长大方式进行，晶核沿不同方向的长大速度是不同的，以沿原子最密排面垂直方向的长大速度最慢，表面能增加缓慢。所以，平面长大的结果是使晶核获得表面为原子最密排面的规则形状。当过冷度较大，尤其存在杂质时，晶核主要以树枝状的方式长大。实际金属结晶时晶核长大主要以树枝状方式进行。

2.2.3　晶粒大小对金属力学性能的影响

实际金属为多晶体，对于纯金属，决定其力学性能的主要结构因素是晶粒大小。一般情况下，晶粒越细小，则金属的强度、硬度越大，而塑性和韧性也越高，所以工程上采用使晶粒细化的手段来提高金属的力学性能，这种方法称为细晶强化。

细化晶粒对金属力学性能的提高原因如下。

① 对于强度和硬度指标来说，多晶体中，由于晶界上原子排列不规则，阻碍位错的运动，使变形抗力增大，所以，金属晶粒越细小，则晶界越多，变形抗力越大，金属的强度和硬度就越大。

② 对于塑性指标来说，多晶体中，晶粒越细小，金属的变形越均匀，减少了应力集中，推迟裂纹的形成和发展，使金属在断裂之前可发生较大的塑性变形，因此使金属的塑性得到提高。

③ 对于韧性指标来说，由于细晶粒金属的强度较高，塑性较好，所以断裂时需要消耗较大的功，因而韧性也较好。

因此细晶强化是一种很重要的金属强韧化手段。

金属晶粒的大小可以用晶粒度表示。晶粒度是用单位面积上晶粒数目或晶粒的平均线长度（或直径）表示。

金属结晶后的晶粒度与形核速率 N 和长大速度 G 有关。形核速率越大，单位体积中所生成的晶核数目越多，晶粒也越细小；若形核速率一定，长大速度越小，则结晶的时间越长，生成的晶核越多，晶粒越细小。

从金属结晶过程可知，凡是促进形核、抑制长大的因素，都能细化晶粒。工业生产中，为了细化铸态金属的晶粒，通常采取以下措施。

① 增加过冷度。增加过冷度会使晶核形核率 N 大于晶粒生长速率 G，从而使晶粒细化。增大过冷度的主要方法有：提高液态金属的冷却速度、采用冷却能力较强的铸模等。比如采用金属型铸模，比采用砂型铸模获得的铸件晶粒要细小。

② 变质处理。在液体金属中加入孕育剂或变质剂，以细化晶粒和改善组织的方法叫变质处理。变质剂的作用：增加晶核数量，阻碍晶核长大。

③ 振动。在结晶过程中采用机械振动、超声波振动方法，破碎正在生长中的树枝状晶体，形成更多的结晶核心，获得细小的晶粒。

④ 电磁搅拌。将正在结晶的金属置于一个交变电磁场中，由于电磁感应现象，液态金属翻滚，冲断正在结晶的树枝状晶体的晶枝，增加结晶核心，细化晶粒。

2.2.4 同素异构转变

大多数金属从液态结晶成为晶体后，在固态下只有一种晶体结构。但有些金属，如铁、钛、钴、锡、锰等，在固态下，存在两种或两种以上的晶格形式。这类金属在冷却或加热过程中，其晶格结构会发生变化。金属在固态下随着温度的改变，由一种晶格转变为另一种晶格的现象，称为同素异构转变。由同素异构转变得到的不同晶格的晶体称为同素异构体。

图 2-12 所示为纯铁在结晶时的冷却曲线。它表示了纯铁的结晶和同素异构转变的过程。液态纯铁在 1538℃时结晶为具有体心立方晶格的 δ-Fe，继续冷却到 1394℃时发生同

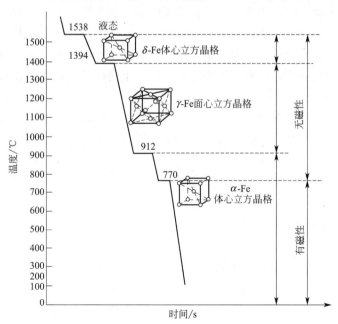

图 2-12　纯铁在结晶时的冷却曲线

素异构转变，由固态的体心立方晶格的 δ-Fe 转变为面心立方晶格的 γ-Fe，再继续冷却到 912℃又一次发生同素异构转变，转变为体心立方晶格的 α-Fe，随后冷却到 770℃冷却曲线又出现平台，在此温度 α-Fe 的晶格只是发生了磁性转变，即纯铁在 770℃以上无铁磁性，在 770℃以下具有铁磁性，770℃为纯铁的磁性转变点，也称居里点。纯铁同素异构转变的过程可表示为：

$$\delta\text{-Fe} \xrightarrow{1394℃} \gamma\text{-Fe} \xrightarrow{912℃} \alpha\text{-Fe}$$
$$\text{（体心立方）} \qquad \text{（面心立方）} \qquad \text{（体心立方）}$$

同素异构转变不仅存在于纯铁中，而且存在于以铁为基础的钢铁材料中，正是因为有同素异构转变，才使得钢铁材料能利用金属的同素异构现象进行热处理，从而改变钢铁材料的组织与性能。

《《《 2.3 合金的结晶 》》》

绝大多数工业用的金属材料都是合金。由于合金成分中包含两个以上的组元，因此其结晶过程比纯金属复杂得多，但它和纯金属遵循相同的结晶规律，也是在过冷条件下形成晶核与晶核长大的过程。但是与纯金属的结晶相比，合金的结晶也有它自身的特点。首先，合金的结晶过程不一定在恒温下进行，很多是在一个温度范围内完成的，而纯金属的结晶是在固定的温度下进行的；其次，合金的结晶不仅会发生晶体结构的变化，还会伴有化学成分的变化。而纯金属的结晶，只会发生晶体结构的变化。对于合金这种复杂的结晶过程必须用合金相图来进行分析。

相图是用来表示合金系中各个合金在极缓慢的冷却条件下结晶过程的简明图解，又称平衡图或状态图。合金系是指由两种或两种以上元素按不同比例配制的一系列不同成分的合金。相图中，组成合金的最简单、最基本、能够独立存在的物质称为组元，多数情况下组元是指组成合金的元素，但既不发生分解又不发生任何反应的化合物也可看作组元，如铁碳合金中的 Fe_3C。

相图表示在缓慢冷却条件下，不同成分的合金的组织随温度变化的规律，是制定合金熔炼、铸造、锻造、焊接、热处理等工艺的重要依据，也是研究金属材料的一个十分重要的工具。根据组元的多少，相图可分为二元相图、三元相图和多元相图，本节只介绍应用最广的二元相图。

2.3.1 二元合金相图的建立

建立相图的方法有试验测定和理论计算两种，但目前所用的相图大部分都是根据试验方法建立起来的。实验方法有很多种，如热分析法、金相法、膨胀法、磁性法、电阻法、X 射线结构分析法等，最常用的是热分析法。通过试验测定相图时，首先要配制一系列成分不同的合金，然后再测定这些合金的相变临界点（温度），如液相向固相转变的临界点（结晶温度）、固态相变临界点，最后把这些点标在温度-成分坐标图上，把各相同意义的点连接成线，这些线就在坐标图中划分出一些区域，这些区域即称为相区，将各相区所存在的相的名称标出，相图的建立工作即告完成。

下面以 Cu-Ni 二元合金为例，说明用热分析法建立二元相图的过程。

首先配制一系列不同成分的 Cu-Ni 合金，测出从液态到室温的冷却曲线。图 2-13(a) 给出纯铜、含镍量 w_{Ni} 分别为 30%、50%、70% 的 Cu-Ni 合金及纯镍的冷却曲线。可见，纯铜和纯镍的冷却曲线都有一水平阶段，表示其结晶的临界点。其他三种合金的冷却曲线都没有水平阶段，但有两次转折，转折点所对应的温度代表两个临界点，表明这些合金都是在一个温度范围内进行结晶的。温度较高的临界点是结晶开始的温度，称为上临界点；温度较低的临界点是结晶终了的温度，称为下临界点。结晶开始后，由于放出结晶潜热，导致温度的下降变慢，在冷却曲线上出现了一个转折点；结晶终了后，不再放出结晶潜热，温度的下降变快，于是又出现了一个转折点。

然后将上述的临界点标在温度-成分坐标图中，再将两类临界点连接起来，就得到图 2-13(b) 所示的 Cu-Ni 合金相图。其中上临界点的连线称为液相线，表示合金结晶的开始温度或在加热过程中熔化终了的温度；下临界点的连线称为固相线，表示合金结晶的终了温度或在加热过程中开始熔化的温度。

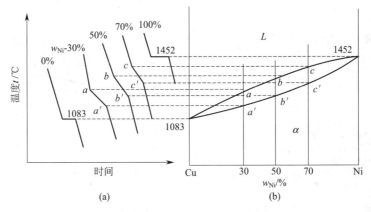

图 2-13　Cu-Ni 二元合金相图建立示意图

2.3.2　二元合金相图的基本类型

(1) 匀晶相图

当两组元在液态和固态均无限互溶时所构成的相图，称为二元匀晶相图。具有这类相图的合金系主要有：Cu-Ni、Cu-Au、Au-Ag、Fe-Ni 及 W-Mo 等。

以 Cu-Ni 二元合金相图（图 2-14）为例进行分析。

匀晶相图中只有两条线，其中上面一条线为液相线，下面一条线为固相线，液相线和固相线把相图分成了三个区域，即液相区 L、固相区 α 和液固两相区 $L+\alpha$。在液相线以上合金处于液体状态（L），称为液相区；在固相线以下合金处于固体状态（α），称为固相区；在液相线与固相线之间合金处于液、固两相（$L+\alpha$）并存的状态，称为液、固两相并存区。固相线的两个端点 A 和 B 是合金系统的两个组元 Cu 和 Ni 的熔点。

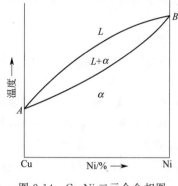

图 2-14　Cu-Ni 二元合金相图

（2）共晶相图

当两组元在液态下无限互溶，在固态时有限互溶，并发生共晶反应时所构成的相图称为二元共晶相图。具有这类相图的合金系主要有：Pb-Sn、Pb-Sb、Cu-Ag、Al-Si、Zn-Sn 等。下面以 Pb-Sn 合金相图为例进行分析。

图 2-15 表示 Pb-Sn 合金相图。其中，AEB 为液相线，$AMENB$ 为固相线，A 为 Pb 的熔点（327℃），B 为 Sn 的熔点（232℃）。相图中有 L、α、β 三种相，形成三个单相区。L 代表液相，处于液相线以上。α 是 Sn 溶解在 Pb 中所形成的固溶体，位于靠近纯组元 Pb 的封闭区域。β 是 Pb 溶解在 Sn 中所形成的固溶体，位于靠近纯组元 Sn 的封闭区域。在每两个单相区之间，共形成了三个两相区，即 $L+\alpha$、$L+\beta$ 和 $\alpha+\beta$。

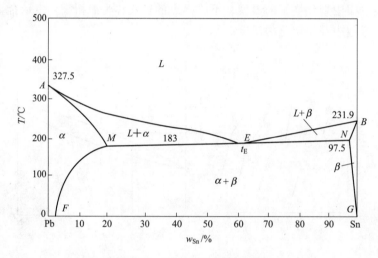

图 2-15　Pb-Sn 二元合金相图

相图中的 MEN 水平线称为共晶线。在水平线对应的温度 t_E（183℃）下，E 点成分的液相（L）将同时结晶出 M 点成分的 α 固溶体和 N 点成分的 β 固溶体：$L \rightleftharpoons \alpha_M + \beta_N$。这种在一定温度下，由一定成分的液相同时结晶出两个成分和结构都不相同的新固相的转变过程称为共晶转变或共晶反应。共晶反应的产物，即两相的机械混合物，称为共晶体或共晶组织。发生共晶反应的温度称为共晶温度，代表共晶温度和共晶成分的点称为共晶点，具有共晶成分的合金称为共晶合金。在共晶线上，凡成分位于共晶点以左、M 点以右的合金称为亚共晶合金，成分位于共晶点以右、N 点以左的合金称为过共晶合金。凡具有共晶成分的合金液体冷却到共晶温度时都将发生共晶反应。发生共晶反应时，L、α、β 三个相平衡共存，它们的成分固定，但各自的质量在不断变化。因此，水平线 MEN 是一个三相区。

相图中的 MF 线和 NG 线分别为 Sn 在 Pb 中和 Pb 在 Sn 中的溶解度曲线（饱和浓度线），称为固溶线。可以看出，随温度降低，固溶体的溶解度下降。

（3）共析相图

在一定的温度下，从一个固相中同时析出成分和晶体结构完全不同的两种新固相的转变过程，称为共析转变。图 2-16 的下半部分为共析相图，其形状与共晶相图类似。D 点成分（共析成分）的合金从液相经过匀晶转变生成 γ 相后，继续冷却到 D 点温度（共析温度）时，在此恒温下发生共析反应，同时析出 C 点成分的 α 相和 E 点成分的 β 相，即 $\gamma_D \rightleftharpoons \alpha_C + \beta_E$。$\alpha_C + \beta_E$ 称为共析体或共析组织，CDE 为共析线。共析相图中各种成分合金的分析与共晶相图相似。与共晶反应不同的是，共析反应的母相是固相，而不是液相，因此共析转变也是固态相变。由于转变温度较低，原子扩散困难，因而固态转变过冷度大，所以共析产物比共晶产物要细密而均匀。

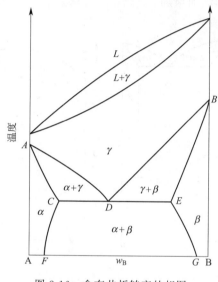

图 2-16　含有共析转变的相图

2.3.3　合金相图与性能的关系

相图表达了合金的成分、组织与温度之间的关系，而成分和组织是决定合金性能的主要因素。因此，在合金的相图与性能（使用性能和工艺性能）之间必定存在着某种联系。可以通过分析合金相图，掌握合金的性能特点及其变化规律，作为配制合金、选择材料和制定工艺的依据。

（1）合金的使用性能与相图的关系

二元合金在室温下的平衡组织可分为两大类：一类是由单相固溶体构成的组织，这种合金称为（单相）固溶体合金，由匀晶转变获得；另一类是由两固相构成的组织，这种合金称为两相混合物合金。共晶转变、共析转变都会形成两相混合物合金。

图 2-17 是二元合金的物理性能和力学性能与相图关系的示意图。对于固溶体合金，随着溶质含量的增加，晶格畸变逐渐增大，合金的强度、硬度、电阻率也随之增大。如果

是无限互溶的合金，则在溶质含量为50％附近，强度、硬度达到最大值，性能与合金成分呈曲线关系，如图2-17(a)所示。

虽然单相固溶体合金的强度和硬度比纯金属有明显的提高，但还不能完全满足工程结构对材料性能的要求，因此，工程上常用的合金多是两相或多相组成的复杂合金，并常将固溶体作为复杂合金的基体相。

两相混合物合金（如含共晶组织的合金）的力学性能和物理性能与成分呈直线变化关系。在平衡状态下，其性能约等于两相性能按质量分数的加权平均值。对于组织敏感的某些性能，如强度、硬度等，与组织的形态有很大关系，组织越细小，则强度越高。图2-17(b)中的虚线表示合金处在共晶成分附近时，由于合金中两相晶粒构成的细密的共晶体组织的比例大大增加，强度、硬度偏离与成分的直线变化关系出现一个高峰，其峰值的大小随着组织细密程度的增加而增加。

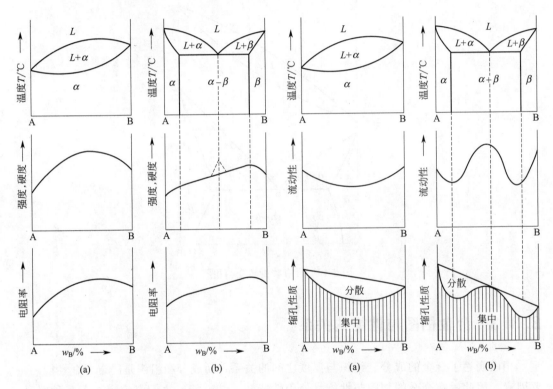

图2-17　合金的力学及物理性能和
力学性能与相图关系

图2-18　合金的铸造性能与相图关系

（2）合金的工艺性能与相图的关系

图2-18为合金的铸造性能与相图的关系。合金的铸造性能取决于相图中液相线与固相线的距离（结晶温度范围）的大小。合金的结晶温度范围越大，则形成枝晶偏析的倾向就越大。发达的树枝晶阻碍合金液体的流动，容易形成分散的缩孔或缩松，合金的铸造性能差；反之结晶温度范围小，缩孔集中，合金的铸造性能好。共晶及其共晶成分附近的合金，结晶温度范围窄，同时结晶温度低，液体流动性好，分散缩孔少、偏析倾向小，因而

铸造性能好。

单相固溶体合金的变形抗力小,不易开裂,有较好的塑性,故压力加工性能好。两相混合的合金,因组织中两相的塑性不同,相界面又较多,阻碍塑性变形,因此塑性加工性能差。如果合金中含有较多的硬脆化合物时,其塑性加工性能会更差。

单相固溶体合金的切削加工性能差,其原因是硬度低,容易粘刀,表现为不易断屑、表面粗糙度大等,而当合金为两相混合物时,切削加工性能得到改善。

《《 2.4 铁碳合金相图 》》

铁碳合金是以铁和碳为基本元素的合金,是现代机械制造业中应用最为广泛的金属材料。由于铁有同素异构转变,它的晶体结构多,由此可以得到多种组织,故而铁碳合金性能的变化范围很宽,能满足生产上对多种性能的要求。为了熟悉和合理选用钢铁材料,必须从铁碳合金相图入手,研究其在各种温度下的成分、组织与性能之间的关系。

2.4.1 铁碳合金的基本组织与性能

铁碳合金中,铁和碳两元素会形成固溶体和金属化合物,其基本组织有铁素体、奥氏体、渗碳体、珠光体和莱氏体五种。

(1) 铁素体

铁素体是碳溶于 α-Fe 中形成的固溶体,用符号 F(或 α)表示。它仍保持 α-Fe 的体心立方晶格。由于体心立方晶格的原子间隙很小,因而 α-Fe 的溶碳能力很低,并且随着温度的下降其溶碳量逐渐减少,在 727℃ 时溶解度最大达到 0.0218%,在室温时溶解度仅为 0.0008%。铁素体是室温下铁碳合金的基本相。其性能几乎和纯铁相同,即强度和硬度较低($R_m = 180 \sim 280$MPa,$50 \sim 80$HBW),而塑性和韧性较高($A = 30\% \sim 50\%$,$a_k = 160 \sim 200$J/cm^2)。铁素体在 770℃(居里点)有磁性转变,在 770℃ 以下具有铁磁性,在 770℃ 以上则失去铁磁性。

(2) 奥氏体

奥氏体是碳溶于 γ-Fe 中形成的固溶体,常用符号 A(或 γ)表示。它仍保持 γ-Fe 的面心立方晶格。由于面心立方晶格的原子间隙比体心立方晶格的大,因此奥氏体的溶碳能力较大,在 1148℃ 时溶碳量最大 $w_C = 2.11\%$,随着温度下降,溶碳量逐渐减少,在 727℃ 时的溶碳量为 $w_C = 0.77\%$。奥氏体是铁碳合金的高温基本相,稳定地存在于 727℃ 以上。

奥氏体具有一定的强度和硬度($R_m \approx 400$MPa,$160 \sim 220$HBW),塑性好($A \approx 40\% \sim 50\%$),在压力加工中,大多数钢材要加热至高温奥氏体状态进行塑性变形加工。奥氏体是非铁磁性相。

(3) 渗碳体

渗碳体是铁和碳的金属化合物，具有复杂的晶体结构，用化学式 Fe_3C 或 C_m 表示。渗碳体的晶格形式，与碳和铁都不一样，是复杂的晶格类型。渗碳体碳的质量分数是 6.69%，熔点为 1227℃。渗碳体具有硬而脆的特性，其硬度值很高（约 800HBW），而塑形很差（$A_{11.3}=0$）。渗碳体在钢和铸铁中与其他相共存时呈片状、球状、网状、长条状等。

渗碳体没有同素异构转变，但有磁性转变，在 230℃ 以下具有弱铁磁性，而在 230℃ 以上则失去磁性。渗碳体是碳在铁碳合金中的主要存在形式，是亚稳定的金属化合物，在一定条件下，渗碳体可分解成铁和石墨，这一过程对于铸铁的生产具有重要意义。

(4) 珠光体

珠光体是铁素体与渗碳体的两相（层片相间）机械混合物，常用符号 P 表示。珠光体以其金相形态酷似珍珠母甲壳光泽的外表面而得名。其碳的质量分数 $w_C=0.77\%$。它的性能介于铁素体和渗碳体之间，大致性能数据为：$R_m=770MPa$，$A_{11.3}=20\%\sim30\%$，$a_k=30\sim40J/cm^2$，硬度值约为 180HBW。

(5) 莱氏体

莱氏体是高碳的铁基合金在凝固过程中发生共晶转变所形成的奥氏体和碳化物（渗碳体）组成的共晶体，在 1148℃ 时用符号 Ld 表示，也称为高温莱氏体，碳的质量分数为 w_C 为 4.3%，冷却到 727℃ 时转变为变态（低温）莱氏体，称为 L'd。莱氏体是以德国冶金学家 A. Ledebur 的名字命名的。莱氏体的性能与渗碳体相似，硬而脆。铁素体、奥氏体、珠光体、莱氏体的显微组织如图 2-19 所示。

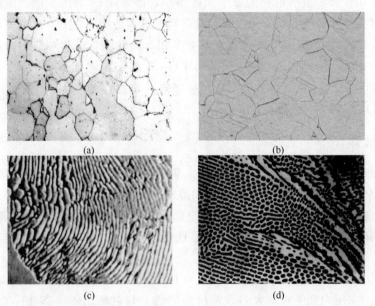

(a)   (b)

(c)   (d)

图 2-19 铁素体 (a)、奥氏体 (b)、珠光体 (c)、莱氏体 (d) 的显微组织

2.4.2 铁碳合金相图

铁碳合金相图是铁碳合金在极缓慢冷却（或加热）条件下，不同化学成分的铁碳合金，在不同温度下所具有的组织状态的图形，碳的质量分数 $w_C>5\%$ 的铁碳合金，尤其当 w_C 增加到 6.69% 时，铁碳合金几乎全部变为金属化合物 Fe_3C。这种化学成分的铁碳合金硬而脆，机械加工困难，在机械制造方面很少应用。所以，研究铁碳合金相图时，只需研究 $w_C \leqslant 6.69\%$ 这部分。而 $w_C = 6.69\%$ 时，铁碳合金全部为亚稳定的 Fe_3C，因此，Fe_3C 就可看成是铁碳合金的一个组元，实际上研究铁碳合金相图，就是研究 $Fe\text{-}Fe_3C$ 相图部分，如图 2-20 所示。

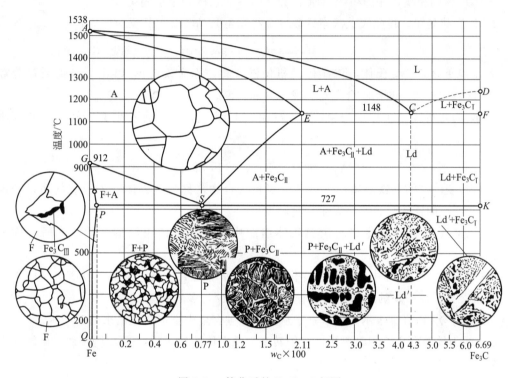

图 2-20 简化后的 $Fe\text{-}Fe_3C$ 相图

(1) 铁碳合金相图分析

铁碳合金相图中主要特性点的温度、碳的质量分数及其含义见表 2-1。

表 2-1 铁碳合金相图中的特性点

特性点	温度/℃	$w_C/\%$	特性点的含义
A	1538	0	纯铁的熔点或结晶温度
C	1148	4.3	共晶点，发生共晶转变 $L_{4.3} \longrightarrow A_{2.11} + Fe_3C$
D	1227	6.69	渗碳体的熔点
E	1148	2.11	碳在 $\gamma\text{-Fe}$ 中的最大溶碳量，也是钢与铸铁的化学成分分界点

特性点	温度/℃	w_C/%	特性点的含义
F	1148	6.69	共晶渗碳体的化学成分点
G	912	0	α-Fe→γ-Fe 同素异构体转变点
S	727	0.77	共析点,发生共析转变 $A_{0.77}$→$F_{0.0218}$+Fe_3C
P	727	0.0218	碳在 α-Fe 中的最大溶解量

图 2-20 中 *ACD* 为液相线。在液相线以上区域,铁碳合金处于液态,冷却下来时碳的质量分数 $w_C \leqslant 4.3\%$ 的铁碳合金在 *AC* 线开始结晶出奥氏体(A);碳的质量分数 $w_C >$ 4.3% 的铁碳合金在 *CD* 线开始结晶出渗碳体,称一次渗碳体,用 Fe_3C_I 表示。

AECF 为固相线。在固相线 *AECF* 以下区域,铁碳合金呈固态。

ECF 为共晶线。在此线上液态铁碳合金将发生共晶转变,其反应式为:

$$L_{4.3} \xrightarrow{1148℃} A_{2.11} + Fe_3C_{6.69}$$

共晶转变形成了奥氏体与渗碳体的机械混合物,称为莱氏体(Ld)。碳的质量分数 $w_C = 2.11\% \sim 6.69\%$ 的铁碳合金均会发生共晶转变。

PSK 为共析线,通常称为 A_1 线。在此线上固态奥氏体将发生共析转变,其反应式为:

$$A_{0.77} \xrightarrow{727℃} F_{0.0218} + Fe_3C_{6.69}$$

共析转变的产物是铁素体与渗碳体的机械混合物,称为珠光体(P)。碳的质量分数 $w_C > 0.0218\%$ 的铁碳合金均会发生共析转变。

GS 线表示铁碳合金冷却时由奥氏体组织中析出铁素体组织的开始线,通常称为 A_3 线。

ES 线是碳在奥氏体中的溶解度变化曲线,通常称为 A_{cm} 线。它表示铁碳合金随着温度的降低,奥氏体中碳的质量分数沿着此线逐渐减少,多余的碳以渗碳体形式析出,称为二次渗碳体,用 Fe_3C_{II} 表示,以区别于从液态铁碳合金中直接结晶出来的 Fe_3C_I。

GP 线为铁碳合金冷却时奥氏体组织转变为铁素体的终了线或者加热时铁素体转变为奥氏体的开始线。

PQ 线是碳在铁素体中的溶解度变化曲线,它表示铁碳合金随着温度的降低,铁素体中的碳的质量分数沿着此线逐渐减少,多余的碳以渗碳体形式析出,称为三次渗碳体,用 Fe_3C_{III} 表示。由于 Fe_3C_{III} 数量极少,在一般钢中对性能影响不大,故可忽略。

(2)典型铁碳合金的平衡结晶过程

铁碳合金相图中的各种合金,按其碳的质量分数和室温平衡组织的不同,一般分为工业纯铁、钢、白口铸铁(生铁)三类,见表 2-2。

① 共析钢的结晶过程分析 在图 2-21 中合金 I 为共析钢,它在 1 点以上为液相,温度缓慢降到 1 点时开始从液相中结晶出 A,降到 2 点时液相全部结晶为 A。2~3 点之间 A 没有组织变化,继续缓慢冷却到 3 点,开始发生共析反应,A 转变为 P 至室温无组织变化。图 2-22 为亚共析钢结晶过程示意。图 2-25(b)为共析钢的平衡组织。

表 2-2　铁碳合金分类

合金类别	工业纯铁	钢			白口铸铁		
		亚共析钢	共析钢	过共析钢	亚共晶 白口铸铁	共晶 白口铸铁	过共晶 白口铸铁
$w_C/\%$	$w_C \leqslant 0.0218$	$0.0218 < w_C \leqslant 2.11$			$2.11 < w_C \leqslant 6.69$		
		<0.77	0.77	>0.77	<4.3	4.3	>4.3
室温组织	F	F+P	P	P+Fe$_3$C	L'd+P+Fe$_3$C$_{II}$	L'd	L'd+Fe$_3$C$_{I}$

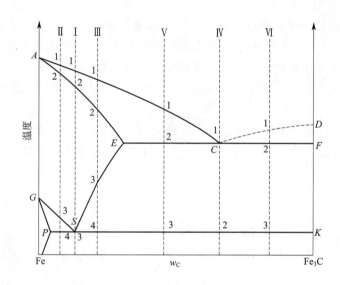

图 2-21　典型铁碳合金的平衡结晶过程

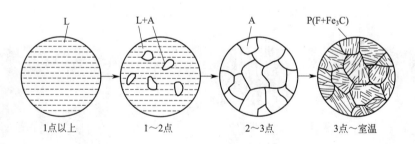

图 2-22　共析钢的结晶过程示意

② 亚共析钢的结晶过程分析　在图 2-21 中合金Ⅱ为 $w_c = 0.45\%$ 的亚共析钢，其结晶过程如图 2-23 所示。当温度降到 1 点时开始从液相中结晶出 A，降到 2 点时全部结晶为 A，温度继续降低到 3 点，此时从 A 中析出 F，且 F 碳的质量分数沿 GP 线变化，A 中碳的质量分数沿 GS 线变化。当冷却到 4 点时，剩余 A 为 S 点成分（$w_c = 0.77\%$），会发生共析反应，转变为 P，4 点至室温组织不再发生变化。

此时先析出的 F 不变，所以合金Ⅱ冷却到室温，最终组织为 F 和 P。图 2-25(a) 所示为 45 钢室温下的显微组织。所有亚共析钢的最终组织都是 F 和 P，只是 F 和 P 的相对量随着碳的质量分数的多少而变化。碳的质量分数越高，P 量越多，F 量越少。

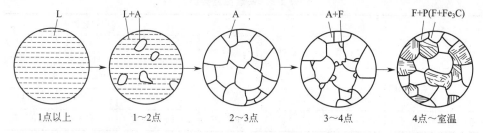

图 2-23 亚共析钢的结晶过程示意

③ 过共析钢的结晶过程分析 在图 2-21 中合金Ⅲ为过共析钢，其结晶过程如图 2-24 所示。当温度降到 1 点时开始从液相中结晶出 A，降到 2 点时全部结晶为 A，温度继续降低到 3 点，此时从 A 中将析出网状二次渗碳体（Fe_3C_{II}），且 A 中碳的质量分数沿着 ES 线变化。当冷却到 4 点时，剩余 A 为 S 点成分，将发生共析反应，转变为 P，2 点至室温无组织变化。

合金Ⅲ冷却到室温的最终组织为 P＋Fe_3C_{II}。图 2-25（c）所示为 T12 钢室温下的显微组织，此时二次渗碳体以网状分布。显然，过共析钢中碳的质量分数越高，Fe_3C_{II} 量越多，珠光体量越少。

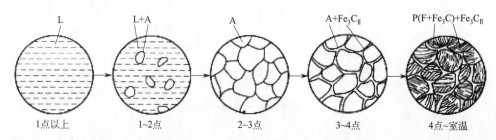

图 2-24 过共析钢的结晶过程示意

(a) 亚共析钢

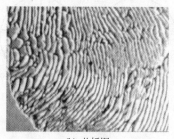

(b) 共析钢

(c) 过共析钢

图 2-25 钢的平衡组织

④ 共晶白口铸铁的结晶过程分析 在图 2-21 中合金Ⅳ为共晶白口铸铁，其结晶过程如图 2-26 所示。当温度在 1 点以上时铁碳合金为液相，温度降到 1 点时开始发生共晶反应，形成 Ld，继续冷却，由于 Ld 中 A 的碳的质量分数沿 ES 线减少，将不断析出 Fe_3C_{II}。当温度缓慢冷却到 2 点时，剩余 A 为 S 点成分，将发生共析反应，转变为 P。所以，合金Ⅳ冷却到室温的最终组织为变态莱氏体（$L'd$），如图 2-29（b）所示。

⑤ 亚共晶白口铸铁的结晶过程分析 在图 2-21 中合金Ⅴ为亚共晶白口铸铁，其结晶

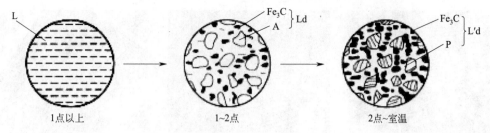

图 2-26　共晶白口铸铁的结晶过程示意

过程如图 2-27 所示。当温度降到 1 点时开始结晶出 A，从 1 点冷却到 2 点的过程中，A 不断增多，成分沿 AE 线变化；液体量减少，成分沿 AC 线变化。当冷却到 2 点（1148℃）时，组织为共晶成分的液相（$w_c = 4.3\%$）和部分 A（$w_c = 2.11\%$）。结晶出的那部分 A，在 2～3 点的冷却过程中，其碳的质量分数沿 ES 线减少，将不断析出二次渗碳体（Fe_3C_{II}），然后在 S 点将发生共析反应，转变为 P。剩下的液相转变过程与共晶白口铸铁的转变过程相同。所以合金Ⅴ冷却到室温的最终组织为珠光体加二次渗碳体加变态莱氏体（$P + Fe_3C_{II} + L'd$），其显微组织如图 2-29(a) 所示。

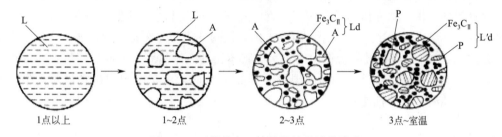

图 2-27　亚共晶白口铸铁的结晶过程示意

⑥ 过共晶白口铸铁的结晶过程分析　在图 2-21 中合金Ⅵ为过共晶白口铸铁，其结晶过程如图 2-28 所示。当温度降到 1 点时开始结晶出长条状的一次渗碳体（Fe_3C_{I}），冷却到 2 点时组织为液相和一次渗碳体。一次渗碳体的成分和结构不变化，而液相转变过程与共晶白口铸铁的转变过程相同。所以合金Ⅵ冷却到室温的最终组织为一次渗碳体和变态莱氏体（$Fe_3C_{I} + L'd$）。如图 2-29(c) 所示。

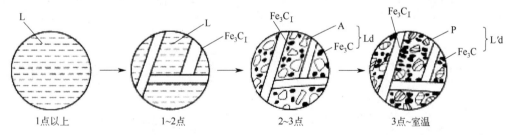

图 2-28　过共晶白口铸铁的结晶过程示意

（3）铁碳合金成分、组织和性能间的关系

① 碳的质量分数对铁碳合金组织的影响　由铁碳合金相图可知，随着碳的质量分数

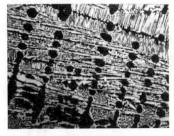
(a) 亚共晶白口铸铁

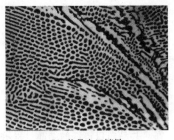
(b) 共晶白口铸铁

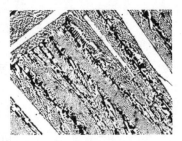
(c) 过共晶白口铸铁

图 2-29　白口铸铁的平衡组织

的增加，不仅铁碳合金组织中渗碳体的数量相应增加，而且渗碳体的形态、分布也随着发生变化。渗碳体开始在珠光体中以层片状分布，继而以网状分布，最后形成莱氏体时渗碳体又变成基体，从液相中析出的一次渗碳体又呈长条状。这表明，铁碳合金中组织的不同形态，决定了其性能变化的复杂性。

　　② 碳的质量分数对铁碳合金性能的影响　图 2-30 表示了碳的质量分数对铁碳合金性能的影响。铁素体强度硬度低，塑性好，而渗碳体则硬而脆。亚共析钢随含碳量增加，珠光体含量增加，由于珠光体的强化作用，钢的强度、硬度升高，塑性、韧性下降。当碳的质量分数为 0.77％时，组织为 100％的珠光体，钢的性能即为珠光体的性能；当钢中碳的质量分数大于 0.9％时，过共析钢中的二次渗碳体在奥氏体晶界上形成连续网状，因而强度下降，但硬度仍呈直线上升；当含碳量大于 2.11％时，由于组织中出现以渗碳体为基的莱氏体，此时合金的性能硬而脆，难以切削，工业上应用很少。

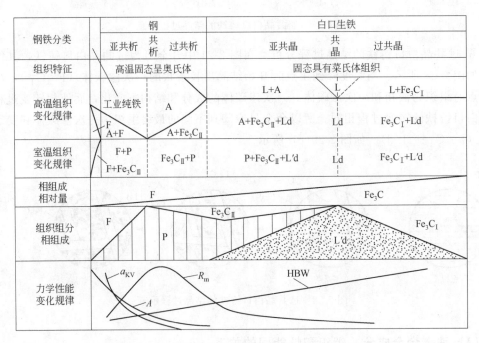

图 2-30　碳的质量分数对铁碳合金性能的影响

（4）铁碳合金相图的应用

① 在选择材料方面的应用　在设计零件时可根据铁碳相图选择材料。如若需要塑性、韧性高的材料，如建筑结构、各种容器和型材等，应选择低碳钢（$w_C = 0.10\% \sim 0.25\%$）；若需要塑性、韧性和强度都相对较高的材料，如各种机器零件，应选择中碳钢（$w_C = 0.25\% \sim 0.60\%$）等。白口铸铁虽然硬而脆，但具有很好的耐磨性能，可制造拉丝模等工件。

② 在铸造工艺方面的应用　根据合金在铸造时对流动性的要求，可通过铁碳合金相图确定钢铁合适的浇注温度，一般在液相线以上 $50 \sim 100℃$。共晶成分的铸铁，无凝固温度区间，且液相线温度最低，流动性好，分散缩孔少，铸造性能良好，因此在生产中得到了广泛的应用。

在铸钢生产中常选用碳的质量分数不高的中、低碳钢，其凝固温度区间较小，但液相线温度较高，过热度较小，流动性差，铸造性能不好。因此铸钢件在铸造后必须经过热处理，以消除组织缺陷。

③ 在锻造工艺方面的应用　在塑性变形中，处于奥氏体状态的钢，其强度低，塑性好，可锻性好。因此，都要把钢加热到高温单相奥氏体区进行塑性变形。但始锻温度不宜太高，以免钢材氧化严重；终锻温度不能过低，以免钢材塑性变差产生裂纹。可根据图 2-31 选择合适的塑性变形温度。

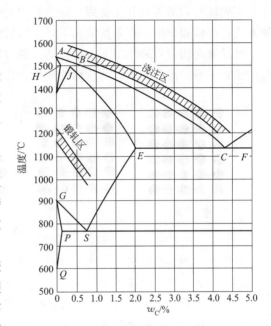

图 2-31　铁碳相图与铸锻工艺的关系

④ 在热处理工艺方面的应用　铁碳合金相图对于热处理工艺有着很重要的意义，是确定钢的各种热处理（退火、正火、淬火、回火等）加热温度的根据。

2.5　金属的塑性变形与再结晶

在工业生产中，经熔炼而得到的金属铸锭，如钢锭、铝合金锭或铜合金铸锭等，大多要经过轧制、拉拔、锻造、冲压等压力加工，使金属产生塑性变形而制成型材（如板材、线材、棒材、型钢等）或工件。塑性变形是压力加工的基础，大多数金属和合金都具有一定的塑性，均可在热态或冷态下进行压力加工。金属材料经过压力加工后，不仅改变了外形尺寸，而且改变了内部组织和性能。因此，研究金属的塑性变形，对于选择金属材料的加工工艺、提高生产率、改善产品质量、合理使用材料等均有重要的意义。

2.5.1　金属塑性变形简介

金属在外力作用下将产生变形，其变形过程包括弹性变形和塑性变形两个阶段。弹性变形是在外力去除后能够恢复原状的变形，所以不能用于成形加工；只有塑性变形这种永久性的变形，才能用于成形加工。塑性变形对金属的组织及性能都会产生很大的影响，因此，了解金属的塑性变形对于掌握压力加工的基本原理具有重要的意义。

实验证明，晶体只有在受到切应力时才会产生塑性变形。正常情况下，塑性变形有两种方式：滑移和孪生。在多数情况下，金属的塑性变形是以滑移的方式进行的。

单晶体在切应力的作用下，晶体的一部分沿着一定的晶面（滑移面）和晶向（滑移方向）相对于另一部分发生滑动位移的现象，称为滑移，如图 2-32 所示。

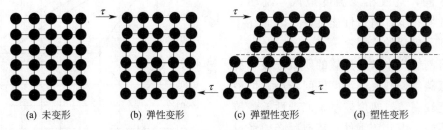

(a) 未变形　　　(b) 弹性变形　　　(c) 弹塑性变形　　　(d) 塑性变形

图 2-32　晶体在切应力下的变形

近代理论和实践证明：晶体滑移时，并不是整个滑移面上的全部原子一起移动的，而是通过滑移面上位错的移动运动来实现的，如图 2-33 所示。在切应力的作用下，通过一条位错线从滑移面一侧到另一侧的移动便造成一个原子间距的滑移，而这只是位错线附近少数原子的移动，且移动距离远小于一个原子间距，因而所需临界切应力小，滑移也就易于实现。

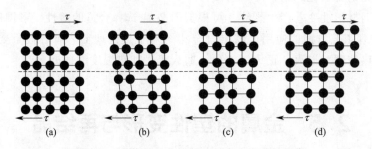

(a)　　　　(b)　　　　(c)　　　　(d)

图 2-33　晶体通过位错运动而产生滑移的示意

晶体的一部分沿一定晶面和晶向相对于另一部分发生的切变，称为孪生。孪生的结果是使孪生面两侧的晶体呈现镜面对称，如图 2-34 所示。

与滑移不同，孪生使晶格位向发生改变，需要的切应力比滑移大得多，变形速度极快，接近声速；孪生时相邻原子面的相对位移量小于一个原子间距。

在常见的晶格类型中，密排六方晶格金属滑移系少，常以孪生方式变形。体心立方晶格金属只有在低温或冲击作用下才发生孪生。面心立方晶格金属一般不发生孪生变形，但在这类金属中常发现有孪晶存在，这是由于相变过程中原子重新排列时发生错排而产生

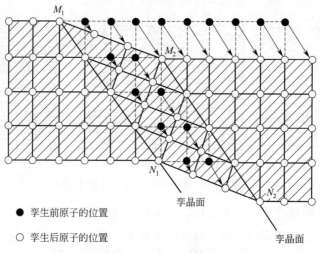

● 孪生前原子的位置

○ 孪生后原子的位置

图 2-34　孪生示意

的，称为退火孪晶。

工程上使用的金属绝大多数是多晶体。多晶体中各个晶粒排列位向不一致，又有晶界存在，使得各个晶粒的塑性变形受到互相影响。因此多晶体的塑性变形具有下列特点。

① 由于晶界原子排列不规则，对位错的运动有阻碍作用，从而使金属的塑性变形抗力提高，拉伸时试样往往呈现出竹节状，晶界处较粗，表明晶界的变形抗力大，变形小。如图 2-35 所示。

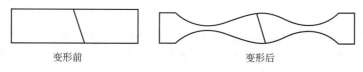

变形前　　　　　　　　　　　　　　变形后

图 2-35　双晶试样拉伸时变形示意

② 由于多晶体中各个晶粒的位向不同，当一个位向有利的晶粒滑移时，必然受到邻近的位向不同的晶粒的阻碍。因此，一般来说，多晶体的变形抗力比单晶体高。

综上所述：多晶体的塑性变形的抗力不仅与晶体结构有关，而且与晶粒大小有关。在一定体积的晶体内，晶粒越细，晶粒数目越多，晶界越多，并且不同位向的晶粒也越多，因而塑性变形抗力也就越大；同时参与变形的晶粒数目也越多，变形越均匀，推迟了裂纹的形成和扩展，使得在断裂之前发生较大的塑性变形。在强度和塑性同时增加的情况下，金属在断裂之前消耗的功增大，因而其韧性也比较好。通过细化晶粒可同时提高金属的强度、硬度、塑性和韧性，这种方法称为细晶强化，是金属强化的主要手段之一。

2.5.2　冷塑性变形对金属组织和性能的影响

（1）对金属组织的影响

金属发生冷塑性变形后，不仅外形发生变化，而且内部晶粒形状也会沿变形方向被压扁或拉长。当变形量很大时，晶粒将被拉成纤维状，形成纤维组织，晶界变得模糊不清，使金属材料的力学性能具有明显的方向性，如图 2-36 所示。

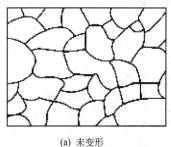
(a) 未变形

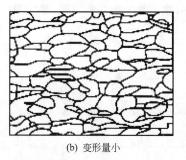
(b) 变形量小

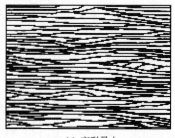
(c) 变形量大

图 2-36　冷塑性变形时晶粒形状变化示意

金属材料经过塑性变形后，大量位错发生聚积并产生交互作用，形成不均匀分布，使原来的等轴晶粒碎化成许多位向略有差异的小晶块，即亚晶粒。形变越大，晶粒细化程度越大。在塑性变形的同时，细碎的亚晶粒也会随着晶粒的伸长而伸长。

当变形量较大时，由于塑性变形过程中的晶粒转动，各个晶粒的滑移面和滑移方向都会朝着形变方向趋于一致，使原来取向互不相同的各个晶粒在空间上呈现一定的规律性，此现象称为择优取向，具有择优取向的结构称为织构。

（2）对金属性能的影响

冷塑性变形不仅使金属材料发生变形，使其组织发生变化，同时使其性能发生变化。随冷塑性变形量的增加，金属材料的强度、硬度提高，塑性、韧性下降，这种现象称为加工硬化。

产生加工硬化的原因是金属发生塑性变形时，位错密度增加，位错间的交互作用增强，相互缠结，位错运动的阻力增大，引起塑性变形抗力提高。另外由于晶粒拉长、破碎和纤维化，金属内部产生了残余应力等，使强度得以提高。

加工硬化在生产中具有重要的意义。

首先它是强化金属，提高金属材料强度、硬度和耐磨性的重要手段之一，特别是对一些不能用热处理强化的金属，如纯金属、奥氏体不锈钢、某些铜合金、变形铝合金、高锰钢等，加工硬化是唯一有效的强化方法。

其次，加工硬化是工件利用塑性变形方法成形的保证。由于加工硬化的存在，可使先变形部位金属发生硬化而停止变形，而未变形部位金属随之开始变形，使塑性变形均匀地分布于整个工件上，从而获得壁厚均匀的制品，而不致集中在某些局部而导致最终断裂。因此，没有加工硬化，金属就不会发生均匀的塑性变形。

加工硬化还可以在一定程度上提高构件在使用过程中的安全性。构件在使用过程中，往往不可避免地在某些部位（如孔、键槽、螺纹、截面过渡处）出现应力集中和过载现象，在这种情况下，由于金属能加工硬化，使局部过载部位在产生少量塑性变形之后，提高了屈服强度并与所承受的应力达到平衡，变形就不会继续发展，从而在一定程度上提高了构件的安全性。

塑性变形还可以影响金属的某些物理性能、化学性能、如使金属电阻增大、化学活性增加、内应力增大、耐蚀性降低等。

2.5.3　金属的回复与再结晶

金属经塑性变形后，组织处于不稳定状态，具有自发恢复到稳定状态的趋势。但在室温下，金属原子扩散能力小，不稳定状态可以维持相当长的时间。如果将金属加热，使其温度升高，这时原子的扩散能力增强，金属将依次发生回复、再结晶和晶粒长大，如图2-37所示。

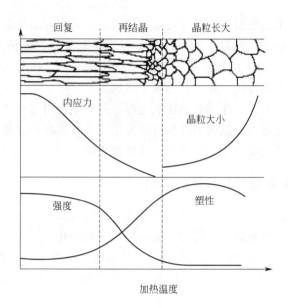

图 2-37　冷塑性变形金属的组织与性能随温度变化示意

回复是指在加热温度较低时，冷变形金属内部的某些亚结构和性能的变化过程。如空位与其他缺陷合并、同一滑移面上的异号位错相遇合并而使缺陷数量减少等。

在回复阶段，金属组织变化不明显，其强度、硬度等方面的力学性能变化很小，但内应力、电阻率等显著下降。

工业上，常利用回复现象将冷变形金属低温加热，既稳定了组织又保留了加工硬化，这种热处理方法称为去应力退火。例如，用冷拉钢丝卷制的弹簧要进行 $250\sim350℃$ 的低温处理以消除应力使其定型，经深冲工艺制成的黄铜弹壳要进行 $260℃$ 的去应力退火，以防止晶间应力腐蚀开裂等。

冷变形金属加热至较高温度，由于原子活动能力增大，晶粒的形状开始发生变化，由破碎拉长的晶粒转变为完整的、无畸变的等轴小晶粒，随着保温时间的延长，这些小晶粒不断向周围的变形金属中扩展长大，直到金属的冷变形组织完全消失为止，这一过程称为金属的再结晶。再结晶也是一个晶核形成和长大的过程，但不是相变过程，再结晶前后新、旧晶粒的晶格类型和成分完全相同。开始产生再结晶的最低温度称为再结晶温度，用 $T_{再}$ 表示，一般纯金属的再结晶温度 $T_{再}\approx0.4T_{熔}$（K）。

冷变形金属再结晶后，金属的强度、硬度显著下降，塑性和韧性大大提高，消除了全部的加工硬化，内应力完全消除，金属又重新回到冷变形之前的状态，如图2-37所示。

再结晶完成后，若继续升高加热温度或延长加热时间，将发生晶粒长大，这是一个自发的过程。晶粒的长大是通过晶界迁移进行的，是大晶粒吞并小晶粒的过程。晶粒粗大会使金属的强度，尤其是塑形和韧性降低。

2.5.4　金属的热加工

（1）冷加工和热加工的区别

金属的冷、热加工是根据再结晶温度来划分的。金属在再结晶温度以下的塑性变形称为冷加工；金属在再结晶温度以上的塑性变形称为热加工。例如铁的最低再结晶温度为451℃，所以铁在400℃以下的加工变形仍属于冷加工。铅、锡的再结晶温度低于室温，所以即使它们在室温下进行压力加工，仍属于热加工。

冷加工变形时，在组织上伴随有晶粒的变形，同时还会引起金属的加工硬化。而在热加工中，因为加工硬化和再结晶两个过程同时发生，故发生变形的晶粒也会立即发生再结晶，然后通过形核、长大成为新的等轴晶，故热加工后，加工硬化现象消失。

（2）热加工对金属组织和性能的影响

热加工时产生的加工硬化能很快地被再结晶产生的软化抵消，因而，热加工不会带来材料的加工硬化，但能使金属的组织和性能发生显著的变化。

① 通过热加工，铸态金属中的气孔焊合，从而使其致密度得以提高。

② 通过热加工铸态金属中的粗大枝晶和柱状晶破碎，从而使晶粒细化、力学性能提高。

③ 通过热加工，铸态金属枝晶偏析和非金属夹杂分布发生改变，使其沿着变形的方向拉长，形成热加工"纤维组织"（流线），纵向的强度、塑性和韧性显著大于横向。如果合理利用加工流线，尽量使流线与零件工作时承受的最大拉应力方向一致，如图2-38所示，而与外加切应力或冲击力相垂直则可提高零件使用寿命。

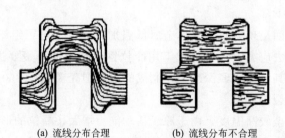

　　(a) 流线分布合理　　　　　(b) 流线分布不合理

图 2-38　锻钢曲轴中的流线分布

可见，通过热加工，可使铸态金属的组织和性能得到重大改善。因此，工业上凡受力复杂、负荷较大的重要零件，大多数是通过热加工的方式来制造的。但一定要注意热加工的工艺，工艺不当会带来不利的影响，如加工的温度过高，则晶粒粗大，若温度过低，则会引起加工硬化、残余内应力等，还会形成带状组织使性能变差。

1. 从原子结构说明晶体和非晶体的区别。

2. 常见的金属晶格类型有哪些？铁的同素异构体分别具有什么晶格结构？

3. 实际金属中存在的缺陷有哪些？

4. 合金的相结构由哪些？分别具有什么性能特点？

5. 什么是过冷现象？什么是过冷度？冷却速度与过冷度有什么关系？

6. 结合铁碳相图分析碳质量分数为 0.45%、0.77%、1.2%、4.3%的铁碳合金在室温下的平衡组织。

7. 说明铁碳合金中 5 种类型渗碳体的形成和形态特点。

8. 含碳量对铁碳合金的组织和性能会产生什么影响？

9. 为什么室温下金属晶粒越细小，强度、硬度越高，塑性、韧性也越好？

10. 金属铸件的晶粒往往比较粗大，能否通过再结晶退火来细化晶粒？为什么？

11. 某厂用冷拉钢丝绳吊运出炉热处理工件去淬火，钢丝绳的承载能力远超过工件的质量，但在工件运送过程中钢丝绳发生断裂，试分析其原因。

12. 工厂在冷拉钢丝绳时常进行中间退火，请问该选择哪类退火？为什么？

13. 反复弯折退火钢丝时，会感到越弯越硬，最好断裂，为什么？

14. 请说明冷热加工的区别？

第**3**章

钢的热处理 >>>

　　热处理是根据钢在固态下组织转变的规律，通过不同的加热、保温和冷却，以改变其内部组织结构，达到改善钢材性能的一种热加工工艺。热处理一般是由加热、保温和冷却三个阶段组成的，其基本工艺过程可以用热处理工艺曲线来表示，如图 3-1 所示。

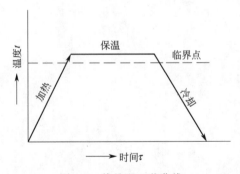

图 3-1　热处理工艺曲线

　　通过热处理可以改变钢的内部组织结构，从而改善其工艺性能，提高钢的力学性能和使用性能，充分挖掘钢材的潜力，延长零部件的使用寿命，提高产品质量，节约资源和能源。热处理是一种重要的强化钢材的工艺，它在机械制造工业中占有十分重要的地位。例如，现代机床工业中，$60\% \sim 70\%$ 的工件要经过热处理。汽车、拖拉机工业中，有 $70\% \sim 80\%$ 的工件要进行热处理。而滚动轴承和各种工模具则几乎是百分之百地要进行热处理。如果把预备热处理也包括进去，几乎所有的零件都需要进行热处理。

　　热处理之所以能使钢的性能发生变化，其根本原因就是由于纯铁具有同素异构转变，从而使钢在加热和冷却过程中，其内部组织结构发生了变化。因此，要了解各种热处理对钢组织与性能的影响，正确掌握热处理工艺，必须首先了解在不同的加热、冷却条件下钢的组织变化规律。

‹‹‹ 3.1 钢在加热时的转变 ›››

3.1.1 钢组织转变的临界温度

根据 Fe-Fe₃C 相图，钢在加热或冷却过程中，通过 PSK（A₁）线、GS（A₃）线、ES（A$_{cm}$）线时，组织将发生转变。A₁、A₃、A$_{cm}$ 线是组织转变的平衡临界温度，即在非常缓慢加热或冷却条件下钢发生组织转变的温度，可根据钢中碳的质量分数分别由 PSK 线、GS 线和 ES 线来确定。

实际热处理时，加热和冷却速度并非极其缓慢的，因此，钢的组织转变并不在平衡临界温度发生，大多数都有不同程度的滞后现象，即在加热时需要一定程度的过热，冷却时需要一定程度的过冷，组织转变才能充分进行。通常把实际加热时的临界温度加注下标"c"，分别以 A$_{c1}$、A$_{c3}$、A$_{ccm}$ 表示；实际冷却时的临界温度加注下标"r"，分别以 A$_{r1}$、A$_{r3}$、A$_{rcm}$ 表示，三者之间的相对位置如图 3-2 所示。必须指出，实际加热或冷却时的临界温度不是固定不变的，而是随着加热或冷却速度不同而变化；加热或冷却速度越大，实际临界温度与平衡临界温度的偏离程度也越大。

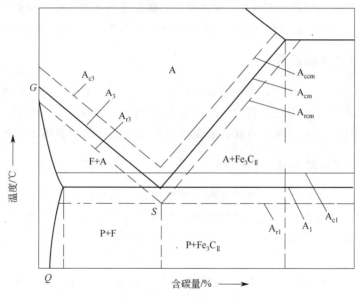

图 3-2 实际加热和冷却时的相变临界温度

3.1.2 奥氏体化的形成

钢加热至相变温度以上转变为奥氏体的过程称为奥氏体化过程。共析钢室温时的平衡组织为单一珠光体，当加热到 A$_{c1}$ 以上温度保温，珠光体将全部转变为奥氏体。奥氏体的形成过程遵循形核、长大的基本规律。由四个步骤完成：奥氏体形核、奥氏体长大、剩余渗碳体溶解和奥氏体成分均匀化。如图 3-3 所示。

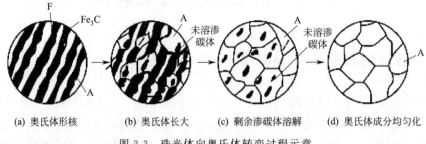

(a) 奥氏体形核　　(b) 奥氏体长大　　(c) 剩余渗碳体溶解　　(d) 奥氏体成分均匀化

图 3-3　珠光体向奥氏体转变过程示意

(1) 奥氏体晶核的形成

奥氏体晶核通常优先在铁素体和渗碳体的相界面上形成。这是因为在相界面上碳浓度分布不均匀，位错密度较高、原子排列不规则，晶格畸变大，处于能量较高的状态，容易获得奥氏体形核所需要的浓度起伏、结构起伏和能量起伏。

(2) 奥氏体晶核的长大

奥氏体形核后，其晶核一侧与渗碳体相邻，碳浓度较高，另一侧与铁素体相邻，碳浓度较低。因此，奥氏体晶核的长大过程必须依靠铁、碳原子的扩散，使新相奥氏体向铁素体和渗碳体两侧推移，即通过渗碳体的溶解和铁素体的晶格改组转变成奥氏体而使晶核长大。

(3) 剩余渗碳体的溶解

在奥氏体晶核长大过程中，由于渗碳体溶解提供的碳原子远多于相同体积铁素体转变成奥氏体所需要的碳量，因此，铁素体比渗碳体先消失，即铁素体全部转变为奥氏体后，组织中仍有一些未溶解的渗碳体存在，需要延长保温时间，使渗碳体不断溶入奥氏体中。

(4) 奥氏体成分均匀化

当剩余渗碳体全部溶解时，奥氏体中的碳浓度仍是不均匀的。原来是渗碳体的区域碳浓度较高，原来是铁素体的区域碳浓度较低，继续延长保温时间或继续升温，通过碳原子的扩散，奥氏体碳浓度逐渐趋于均匀化。最后得到均匀的单相奥氏体。至此，奥氏体形成过程全部完成。

亚共析钢和过共析钢的奥氏体形成过程与共析钢基本相同，当加热温度仅超过 A_{c1} 时，只能使原始组织中的珠光体转变为奥氏体，仍保留一部分先共析铁素体或先共析渗碳体。只有当加热温度超过 A_{c3} 或 A_{ccm}，并保温足够长的时间，才能获得均匀的单相奥氏体。

3.1.3　奥氏体晶粒长大及其控制

奥氏体的晶粒大小对钢冷却转变后的组织和性能有着重要的影响，同时也影响工艺性能。例如，细小的奥氏体晶粒淬火所得到的马氏体组织也细小，这不仅可以提高钢的强度与韧性，还可降低淬火变形、开裂倾向。因此，严格控制奥氏体晶粒的大小，是加热过程中的一个重要问题。

当珠光体向奥氏体转变刚刚结束时，奥氏体的晶粒十分细小，这时的晶粒大小称为起始晶粒度。此后随着加热温度的升高或保温时间延长，奥氏体晶粒便会长大。钢在某一具体的热处理或热加工条件下实际获得的奥氏体晶粒大小称为实际晶粒度。它取决于具体的加热温度和保温时间。实际晶粒度一般总比起始晶粒度大。奥氏体的实际晶粒度的大小直接影响钢件热处理后的性能。细小的奥氏体晶粒可使钢在冷却后获得细小的室温组织，从而具有优良的综合力学性能。

不同成分的钢，在相同的加热条件下，随温度升高，奥氏体晶粒长大的倾向不同（图3-4）。为了便于比较，国标规定把钢加热到930℃±10℃，保温3~8h，在室温下放大100倍显微镜测试的晶粒大小称为本质晶粒度。本质晶粒度是表示在规定的加热条件下奥氏体晶粒长大的倾向。随加热温度升高，奥氏体晶粒迅速长大的钢称为本质粗晶粒钢，其晶粒度等级为1~4级；反之则为本质细晶粒钢，其晶粒度等级为5~8级。

必须注意，本质细晶粒钢不是在任何温度下始终是细晶粒的。若加热温度超过930℃，奥氏体晶粒可能会迅速长大，晶粒尺寸甚至超过本质粗晶粒钢。

本质晶粒度是钢的工艺性能之一，对于确定钢的加热工艺有重要的参考价值。本质细晶粒钢淬火加热温度范围较宽，生产上易于操作。这种钢在930℃高温下渗碳后直接淬火，而不致引起奥氏体晶粒粗化。而本质粗晶粒钢则必须严格控制加热温度，以免引起奥氏体晶粒粗化。

奥氏体晶粒长大基本上是一个奥氏体晶界迁移的过程，其实质是原子在晶界附近的扩散过程。所以一切影响原子扩散迁移的因素都能影响奥氏体晶粒长大。奥氏体化时加热温度越

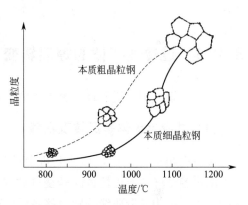

图3-4　钢的本质晶粒度示意

高，保温时间越长，奥氏体晶粒越粗大。相比而言，加热温度对奥氏体晶粒长大起主要作用，因此，生产上必须严格控制加热温度，以避免奥氏体晶粒粗化。当加热温度一定时，加热速度越快，奥氏体转变时的过热度越大，奥氏体的实际形成温度越高，形核率的增长速度大于长大速度的增长，奥氏体起始晶粒越细小。在高温下短时保温，奥氏体晶粒来不及长大，因此可获得细晶粒组织。因此，实际生产中常采用快速加热、短时保温的方法获得细小的晶粒。

《《《　3.2　钢在冷却时的转变　》》》

钢件在室温时的力学性能不仅与加热时奥氏体晶粒大小、化学成分均匀程度有关，而

且在很大程度上取决于冷却时转变产物的类型和组织形态。冷却方式和冷却速度对奥氏体转变有很大的影响，所以冷却过程是热处理的关键工序，它决定着钢件热处理后的组织与性能。因此，研究不同冷却条件下钢中奥氏体组织的转变规律，对于正确制定钢的热处理冷却工艺、控制热处理后的组织与性能具有重要意义。

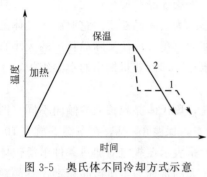

图 3-5　奥氏体不同冷却方式示意
1—等温冷却；2—连续冷却

在热处理生产中，常用的冷却方式有两种：等温冷却和连续冷却，其冷却曲线如图 3-5 所示。将奥氏体状态的钢迅速由高温冷却到临界点以下某一温度等温停留一段时间，使奥氏体在该温度下发生组织转变，然后再冷到室温，这种冷却方式称为等温冷却（图 3-5 中曲线 1），如等温退火、等温淬火等。将奥氏体状态的钢以一定的速度连续从高温冷到室温，使过冷奥氏体在一个温度范围内发生连续转变。这种冷却方式称为连续冷却（图 3-5 中曲线 2），如炉冷、空冷、油冷及水冷等。

奥氏体冷至临界温度以下，处于热力学不稳定状态，经过一定孕育期后，才会发生分解转变。这种在临界点以下存在，尚未转变的处于不稳定状态的奥氏体称为过冷奥氏体。

3.2.1　过冷奥氏体的等温转变

以共析钢为例来说明过冷奥氏体的等温转变规律。

（1）过冷奥氏体等温转变曲线

将若干组已经奥氏体化的共析钢试样迅速投入 A_1 温度以下的恒温槽中进行等温冷却，测出各试样过冷奥氏体的转变开始时间和转变终了时间，并把它们描绘在温度-时间坐标图上，再用光滑曲线分别连接各转变开始点和转变终止点，如图 3-6 所示。共析钢的过冷奥氏体等温转变曲线如图 3-7 所示。

在图 3-7 中，A_1 为奥氏体向珠光体转变的相变点，A_1 以上区域为奥氏体的稳定区。两条 C 形曲线中，左边的 C 曲线为转变开始线，该线以左区域为过冷奥氏体的不稳定区，从等温停留开始至转变开始之间的时间称为孕育期。右边的 C 曲线为转变终了线，该线以右区域为转变产物区；两条 C 形曲线之间的区域为过冷奥氏体与转变产物共存区。水平线 M_s 和 M_f 分别为马氏体型组织转变的开始线和终了线。

由共析钢过冷奥氏体的等温转变曲线可知，等温转变的温度不同，过冷奥氏体转变所需孕育期的长短不同，即过冷奥氏体的稳定性不同。在约 550℃ 处的孕育期最短，表明在此温度下的过冷奥氏体最不稳定，转变速度也最快。

（2）过冷奥氏体等温转变产物及性能

① 珠光体型转变　过冷奥氏体在 A_1～550℃ 温度之间等温时，将发生珠光体型组织转变。由于转变温度较高，原子具有较强的扩散能力，转变产物为铁素体薄层和渗碳体薄

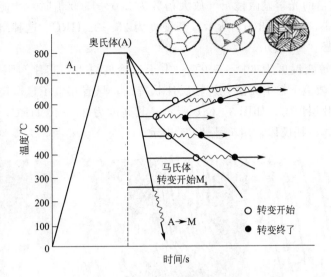

图 3-6   共析钢的过冷奥氏体等温转变图的建立

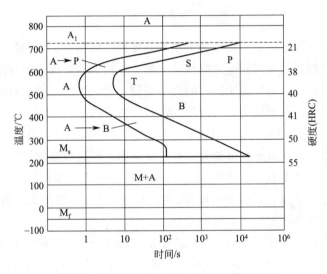

图 3-7   共析钢的过冷奥氏体等温转变曲线

层交替重叠的层状组织，即珠光体型组织。珠光体转变是单相奥氏体分解为铁素体和渗碳体两个新相的机械混合物的相变过程，因此珠光体转变必然发生碳的重新分布和铁的晶格改组。由于相变在较高的温度下进行，铁、碳原子都能进行扩散，所以珠光体转变是典型的扩散型相变。同时，珠光体型转变也是一个形核与晶核长大的过程，遵循金属结晶的普遍规律。

根据过冷度不同，珠光体型组织转变分为以下三种。

a. 珠光体。转变温度为 $A_1 \sim 650 ℃$。因过冷度小，所获组织层片间距较大，约 $450 \sim 150 nm$，在 500 倍的光学显微镜下能清晰分辨出铁素体和渗碳体层片状组织形态，如图 3-8(a) 所示，其硬度为 $160 \sim 250$ HBW，用符号"P"表示。

b. 索氏体。转变温度为 $650 \sim 600 ℃$。由于过冷度增大，其片间距较小，约为 $150 \sim$

80nm，只有在高倍的光学显微镜下（放大倍数为800～1500倍时）才能分辨出铁素体和渗碳体的片层形态，如图3-8(b)所示，其硬度为25～35 HRC，这种组织称为细珠光体或索氏体，用符号"S"表示。

c. 屈氏体。转变温度为600～550℃。由于过冷度更大，其片间距极细，约为80～30nm，在光学显微镜下根本无法分辨其层片状特征，只有在电子显微镜下才能分辨出铁素体和渗碳体的片层形态，如图3-8(c)所示，其硬度为35～40 HRC，这种组织称为极细珠光体、屈氏体或托氏体，用符号"T"表示。

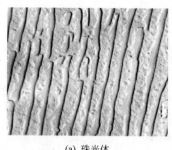 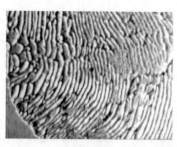 

(a) 珠光体　　　　　　　(b) 索氏体　　　　　　　(c) 屈氏体

图3-8　珠光体的组织形态

无论珠光体、索氏体还是屈氏体都属于珠光体类型的组织。它们的本质是相同的，都是铁素体和渗碳体组成的片层相间的机械混合物。它们的界限也是相对的，它们之间的差别只是片间距不同而已。只是由于层片的大小不同，也就决定了它们的力学性能各异。片间距越小，钢的强度、硬度越高，同时塑性、韧性略有改善。

② 贝氏体转变　过冷奥氏体在550℃～M_s温度之间等温时，将发生贝氏体型组织转变。由于转变温度较低，原子扩散能力较差，渗碳体已经很难聚集长大呈层状。因此，转变产物为由含碳过饱和的铁素体和弥散分布的渗碳体组成的组织，称为贝氏体。用符号"B"来表示。由于过冷度大，转变温度低，铁原子已失去扩散能力，碳原子也只能进行短程扩散，所以贝氏体转变的半扩散型相变。

根据组织形态和转变温度不同，贝氏体型组织转变分为上贝氏体和下贝氏体两种。

a. 上贝氏体。转变温度为550～350℃之间，它由成束分布、平行排列的铁素体和夹于其间的断续的呈粒状或条状的渗碳体所组成。如图3-9所示。在光学显微镜下，典型的上贝氏体具有羽毛状特征，条间的渗碳体分辨不清，见图3-9(a)。在电子显微镜下可以清楚地看到在平行的条状铁素体之间存在断续的、粗条状的渗碳体，见图3-9(b)。由于上贝氏体的形成温度较高，铁素体条粗，特别是由于碳化物分布在铁素体片层之间，使铁素体片层间容易产生脆性断裂，所以上贝氏体脆性大、强度低，基本没有实用价值。因此，在工程材料中一般应避免上贝氏体组织的形成。

b. 下贝氏体。转变温度为350℃～M_s，它是由含碳过饱和的片状铁素体和其内部沉淀的碳化物组成的机械混合物。下贝氏体的空间形态呈双凸透镜状，与试样磨面相交呈片状或针状。在光学显微镜下，共析钢的下贝氏体呈黑色针状或竹叶状，针与针之间呈一定角度，见图3-10(a)。在电子显微镜下可以观察到下贝氏体中碳化物的形态，它们细小、弥散，呈粒状或短条状，沿着与铁素体长轴成55°～65°取向平行排列，见图3-10(b)。由

(a) 金相显微组织

(b) 电子显微组织

图 3-9　上贝氏体的显微组织

于下贝氏体转变的过冷度大，所获得的铁素体针细小、分布均匀，在铁素体内又沉淀析出大量细小、弥散的碳化物，而且铁素体内含有过饱和的碳及较高密度的位错，因此下贝氏体不但强度高，而且韧性也好，即具有良好的综合力学性能，缺口敏感性和韧脆转变温度都较低，是一种理想的组织。生产中对形状复杂的工具、模具和弹簧等钢件常采用等温淬火工艺，目的就是为了得到这种强、韧结合的下贝氏体组织，以提高钢的强韧性、耐磨性和尺寸精度。

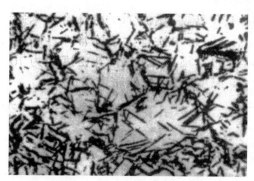
(a) 金相显微组织

(b) 电子显微组织

图 3-10　下贝氏体的显微组织

（3）影响 C 曲线的因素

影响 C 曲线的因素较多，有些因素不但影响 C 曲线的位置，还会改变 C 曲线的形状，几个主要影响因素的影响规律如下。

① 碳的质量分数的影响　碳的质量分数对 C 曲线的位置和形状均有影响。对于亚共析钢，随碳质量分数着增加，过冷奥氏体的稳定性增大，C 曲线右移，过冷奥氏体发生珠光体转变之前要先析出铁素体，C 曲线的左上方多了一条铁素体的析出线，如图 3-11 所示。对于过共析钢，随着碳质量分数增加，过冷奥氏体的稳定性减小，C 曲线左移，在过冷奥氏体发生珠光体转变之前要先析出渗碳体，C 曲线的左上方多了一条先共析渗碳体的析出线，如图 3-12 所示。所以，在碳钢中共析钢的过冷奥氏体最稳定，C 曲线最靠右。另外，奥氏体中碳质量分数越高，M_s 点越低。

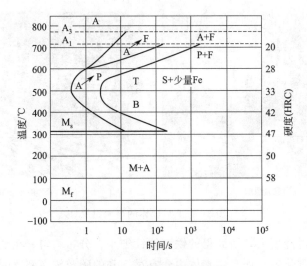

图 3-11 亚共析钢的 C 曲线

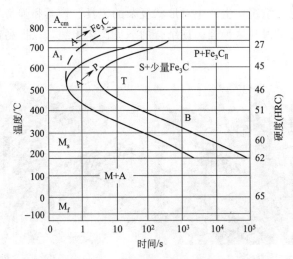

图 3-12 过共析钢的 C 曲线

② 合金元素的影响 除 Co 以外，钢中所有合金元素溶入奥氏体中均增大过冷奥氏体的稳定性，使 C 曲线右移，并使 M_s 点和 M_f 点下降。钢中碳化物形成元素较多时，还使 C 曲线的形状发生改变，甚至使 C 曲线分开，即使 C 曲线右移的同时，还使 C 曲线分开，呈上下两个 C 曲线鼻子。

值得注意的是合金元素只有溶入奥氏体中才会对过冷奥氏体的转变产生重要影响。如碳化物形成元素未溶入奥氏体，不但不会增加过冷奥氏体的稳定性，反而由于存在未溶的碳化物起到非均匀晶核的作用，促进过冷奥氏体的转变，使 C 曲线向左移。

③ 加热温度和保温时间的影响 奥氏体化温度越高，保温时间越长，则形成的奥氏体晶粒越粗大，成分也越均匀，提高了过冷奥氏体的稳定性，使 C 曲线右移。反之，奥氏体化温度越低，保温时间越短，则奥氏体晶粒越细，未溶第二相越多，奥氏体越不稳定，使 C 曲线左移。

3.2.2 过冷奥氏体的连续冷却转变

(1) 过冷奥氏体的连续冷却转变曲线

在实际热处理中，除了少部分采用等温转变（如等温淬火、等温退火等）以外，许多热处理工艺是在连续冷却过程中完成的，如炉冷退火、空冷正火、水冷淬火等。其组织转变规律可以通过过冷奥氏体连续冷却转变曲线图（CCT图）来表示。

共析钢的过冷奥氏体连续冷却转变曲线如图 3-13 所示。由图可看出，它只有珠光体转变区和马氏体转变区，没有贝氏体转变区。珠光体转变区由三条曲线构成，左边一条 P_s 是转变开始线，右边一条 P_f 是转变终了线，两条曲线下面的连线 KK′ 是珠光体组织转变中止线。转变中止线表示当过冷奥氏体冷却至此线温度时，将停止向珠光体发生转变，并一直保留到 M_s 以下转变为马氏体。在马氏体转变区，上边一条是马氏体转变开始线（M_s），下边一条是马氏体转变终了线（M_f）。

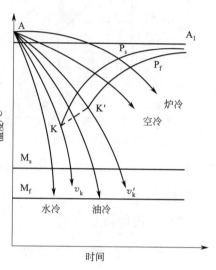

图 3-13　共析钢的过冷奥氏体连续冷却转变曲线

图中六条曲线表示不同的冷却速度。当冷却速度 $v < v_k'$ 时，冷却曲线与珠光体转变开始线相交便发生 A→P，与珠光体转变终了线相交时，转变便告结束，形成全部的珠光体。比如退火炉冷时，当冷却速度线与珠光体转变开始线相交时，便开始了过冷奥氏体向珠光体的转变，与转变终了线相交时，转变结束，奥氏体全部转变为珠光体。正火空冷时，转变过程与退火炉冷相似，只是由于冷速更快，过冷度更大，获得的组织是细小的索氏体。

当冷速 $v_k' < v < v_k$ 时，冷却曲线只与珠光体转变开始线相交，而不再与转变终了线相交，但会与珠光体转变中止线相交，这时奥氏体只有一部分转变为珠光体，冷却曲线一旦与珠光体转变中止线相交就不再发生转变，只有一直冷却到 M_s 线以下才发生马氏体转变。比如淬火油冷时，可获得托氏体、马氏体及残余奥氏体的复相组织。并且随着冷速 v 的增大，珠光体转变量越来越少，而马氏体量越来越多。

当冷速 $v > v_k$ 时，冷却曲线不再与珠光体转变开始线相交，即不发生 A→P，而全部过冷到马氏体区，只发生马氏体转变。此后再增大冷速，转变情况不再发生变化。比如淬火水冷时，便可获得马氏体和残余奥氏体组织。

由上面分析可见，v_k 是保证过冷奥氏体在连续冷却过程中不发生分解而全部过冷到 M_s 线以下转变为马氏体的最小冷却速度，称为"上临界冷却速度"或"淬火临界冷却速度"。v_k' 则是保证过冷奥氏体在连续冷却过程中全部发生珠光体转变而不发生马氏体转变的最大冷却速度，称为"下临界冷却速度"。v_k 在实际生产中具有重要的意义，如钢在淬火时为了获得马氏体，工件的冷却速度要大于 v_k；而在铸造、焊接的冷却过程中，为了

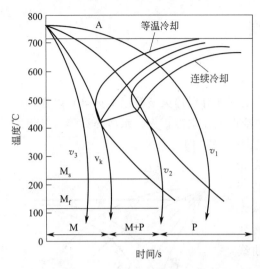

图 3-14 共析钢连续冷却转变曲线
与等温转变曲线的比较

防止因马氏体转变而造成工件变形或开裂的现象，冷却速度便小于 v_k。

需要指出的是，由于钢的连续冷却转变曲线的测定比等温冷却转变曲线的测定困难得多，因此许多钢还没有连续冷却转变曲线，所以，生产中常用钢的等温转变曲线来估计连续冷却情况下的转变产物。图 3-14 是共析钢连续冷却转变曲线与等温转变曲线的比较，由图可以看出：连续冷却转变曲线位于等温转变曲线的右下方，表明在连续冷却转变过程中，过冷奥氏体的稳定性增加，珠光体转变的温度更低，时间更长。大量实验证明，其他钢种也具有同样的规律。

等温转变的产物为单一的组织。而连续冷却转变是在一定的温度范围内进行的，所以冷却转变获得的组织是不同温度下等温转变组织的混合组织。

（2）马氏体转变

过冷奥氏体冷却到 M_s 温度以下，将产生马氏体型组织转变。马氏体是碳溶入 α-Fe 中形成的过饱和固溶体，用符号"M"来表示。马氏体转变是钢件热处理强化的主要手段。由于马氏体转变发生在较低温度下，此时，铁原子和碳原子都不能进行扩散，马氏体转变过程中的 Fe 的晶格改组是通过切变方式完成的，因此，马氏体转变是典型的非扩散型相变。

① 马氏体的组织形态　马氏体的组织形态有板条状和片状两种，这主要与钢中的碳质量分数有关。当 $w_c<0.2\%$ 时，马氏体的形态为板条状，称为板条马氏体，如图 3-15 所示；当 $w_c>0.2\%$ 时，马氏体的形态为片状，称为片状马氏体，如图 3-16 所示；当 $w_c=0.2\%\sim1.0\%$ 时，则形成板条马氏体和片状马氏体的混合组织。

图 3-15　板条马氏体的显微组织

图 3-16　片状马氏体的显微组织

② 马氏体的性能　马氏体力学性能的显著特点是具有高硬度和高强度。马氏体的硬

度主要取决于马氏体中的碳质量分数，随碳质量分数的增高，马氏体的硬度增加，尤其在碳质量分数较低时，硬度增加较明显。当碳质量分数达大于0.6%时，硬度增加趋于平缓。如图3-17所示。

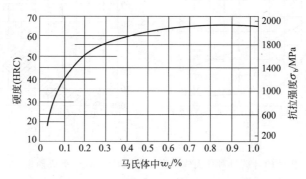

图3-17 含碳量对马氏体强度、硬度的影响

马氏体的塑性和韧性也与碳的质量分数有关。板条状的低碳马氏体塑性和韧性较好，而片状高碳马氏体的塑性和韧性差。板条马氏体和片状马氏体的性能比较见表3-1。

表3-1 板条马氏体和片状马氏体的性能比较

马氏体类型	R_m/MPa	$R_{p0.2}$/MPa	硬度(HRC)	A/%	a_k/(J/cm²)
板条状马氏体[$w_C=0.2$%]	1500	1300	50	9	60
片状马氏体[$w_C=1$%]	2300	2000	66	1	10

③ 马氏体转变的特点　马氏体转变转变也是一个形核和长大的过程，但有许多独特的特点。

a. 马氏体转变属于无扩散型转变，转变进行时，只有点阵作有规则的重构，而新相与母相并无成分的变化。

b. 马氏体转变的速度极快，瞬间形核，高速长大，一般在$10^{-7} \sim 10^{-2}$ s内即可长大到极限尺寸。

c. 马氏体转变发生在一定温度范围内，当过冷奥氏体以大于马氏体临界冷却速度v_k过冷到M_s点时，就开始马氏体转变。以后随着温度的降低，马氏体转变量越来越多，当温度降到M_f时，马氏体转变就结束。如在M_s与M_f之间某一温度等温，则马氏体量并不明显的增多。所以，只有在M_s至M_f温度间继续降温时，马氏体才能继续形成。

M_s与M_f的位置主要取决于奥氏体的化学成分。奥氏体含碳量越高，M_s与M_f的温度越低，图3-18(a)为奥氏体含碳量对马氏体转变温度范围的影响。由图可见，当奥氏体中$w_c > 0.5$%时，由于M_f已低于室温，因此淬火到室温时，必然有一部分奥氏体被残留下来，这部分奥氏体称为残留奥氏体。随着奥氏体含碳量增高，M_s和M_f温度降低，故淬火后残留奥氏体量也越多，如图3-18(b)所示。

一般低、中碳钢淬火到室温后，约有1%～2%的残留奥氏体；高碳钢淬火到室温后，残留奥氏体量可达10%～15%。残留奥氏体不仅降低了淬火钢的硬度和耐磨性，而且在工件的长期使用过程中，由于残留奥氏体会发生转变，使工件尺寸发生变化，从而降低了工件的尺寸精度。因此，生产中，对一些高精度的工件（如精密量具、精密丝杠、精密轴

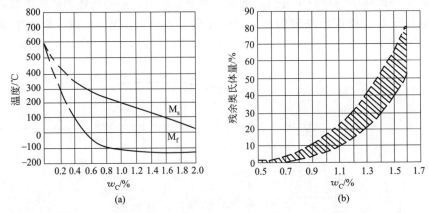

图 3-18　奥氏体的含碳量对马氏体转变温度（a）及残余奥氏体量（b）的影响

承等），为了保证它们在使用期间的精度，可将淬火工件冷却到室温后，又随即放到零下温度的冷却介质中冷却（如干冰＋酒精可冷却到−78℃，液态氮可冷却到−183℃），以最大限度地消除残留奥氏体，达到增加硬度、耐磨性与稳定尺寸的目的，这种处理称为"冷处理"或"深冷处理"。

《《《 3.3　钢的普通热处理 》》》

3.3.1　钢的退火与正火

退火和正火是生产上应用很广泛的预备热处理工艺。对于一些受力不大、性能要求不高的机器零件，退火和正火亦可作为最终热处理工艺。

（1）钢的退火

退火是将组织偏离平衡状态的钢加热到适当的温度，经保温后随炉缓慢冷却下来，以获得接近平衡状态组织的热处理工艺。

根据钢的成分和退火的目的、要求的不同，退火又可分为完全退火、球化退火、去应力退火和均匀化退火（扩散退火）、再结晶退火等。各种退火的加热温度范围和工艺曲线如图 3-19 所示。

① 完全退火　完全退火是指将亚共析钢加热到 A_{c3} 以上 30～50℃，保温足够长时间，使钢中组织完全转变成奥氏体后，随炉缓慢冷却，以获得接近平衡组织的最终热处理工艺。

完全退火的主要目的是细化晶粒，均匀组织，消除内应力，降低硬度和改善钢的切削加工性能。

完全退火主要适用于碳质量分数为 0.25%～0.77% 的亚共析成分的碳钢、合金钢和工程铸件、锻件和热轧型材。低碳钢和过共析钢不宜采用完全退火，因为低碳钢完全退火

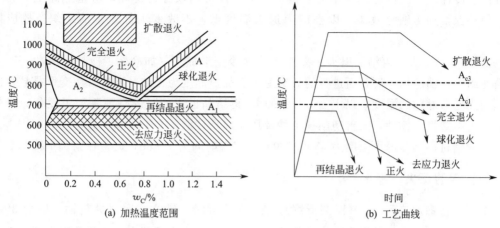

图 3-19   各种退火和正火工艺示意

后硬度偏低，不利于切削加工。过共析钢加热至 A_{ccm} 以上缓慢冷却时，二次渗碳体会以网状沿奥氏体晶界析出，使钢的强度、塑性和冲击韧性显著下降。

完全退火需要的时间很长，尤其是过冷奥氏体比较稳定的合金钢更是如此。如果将奥氏体后的钢较快地冷至稍低于 A_{r1} 温度等温，使奥氏体转变为珠光体后，再空冷至室温，则可大大缩短退火时间，这种热处理方式称为等温退火。等温退火的目的与完全退火相同，但是等温退火时的转变容易控制，能获得均匀的预期组织，对于大型制件及合金钢制件较适宜，可大大缩短退火周期。

② 球化退火   球化退火是将共析钢或过共析钢加热到 A_{c1} 以上 20～30℃，经长时间保温，使钢中二次渗碳体球状化，然后以缓慢的速度冷却到室温的退火工艺。

球化退火的目的是降低硬度，均匀组织，改善切削加工性能；消除网状或粗大碳化物颗粒，为最终热处理（淬火）做好组织准备。

球化退火主要适用于共析和过共析钢，如碳素工具钢、合金工具钢、滚动轴承钢等。

过共析钢锻件锻后组织一般为片状珠光体，如果锻后冷却不当，还存在网状渗碳体，不仅硬度高，难以进行切削加工，而且增大钢的脆性，淬火时容易产生变形或开裂。因此，锻后必须进行球化退火，使碳化物球化，获得粒状珠光体组织。

球化退火前，钢的原始组织中不允许有网状碳化物存在，如果有网状碳化物存在时，应该事先进行正火，消除网状碳化物，然后再进行球化退火；否则球化效果不好。

③ 扩散退火（均匀化退火）   为减少钢锭、铸件的化学成分和组织的不均匀性，将其加热到略低于固相线温度（钢的熔点以下 100～200℃），长时间保温并缓冷，使钢锭等化学成分和组织均匀化的退火工艺称为扩散退火，又称均匀化退火。由于该工艺加热温度很高，时间较长，消耗热量大而且生产率低，只有在必要时才使用。因此，扩散退火多用于优质合金钢及偏析现象较为严重的合金。但经过扩散退火后常使钢的晶粒粗大，即得到过热组织，必须进行一次完全退火或正火来细化晶粒，消除过热缺陷，为随后热处理做好组织准备。

④ 去应力退火   去应力退火又称低温退火。它是将钢加热到 400～500℃（A_{c1} 温度以下），保温一段时间，然后缓慢冷却到室温的工艺方法。其目的是为了消除铸件、锻件、

焊接件、冷冲压件及机加工件中的残留内应力，以提高尺寸稳定性，防止工件变形和开裂，但仍保留加工硬化效果。因去应力退火温度低、不改变工件原来的组织，故应用广泛。

⑤ 再结晶退火　再结晶退火主要用于消除冷变形加工（如冷轧、冷拉、冷冲）产生的畸变组织，消除加工硬化而进行的低温退火。加热温度为再结晶温度（使变形晶粒再次结晶为无变形晶粒的温度）以上 $150 \sim 250 ℃$。再结晶退火的目的是消除加工硬化，降低硬度，提高塑性、韧性，改善切削加工性及压延成型性能。

一般钢材再结晶退火温度为 $650 \sim 700 ℃$，保温时间为 $1 \sim 3h$，通常在空气中冷却。

（2）钢的正火

正火是将钢加热到 A_{c3}（亚共析钢）、A_{c1}（共析钢）或 A_{ccm}（过共析钢）以上 $30 \sim 50 ℃$，保温一定时间，使之完全奥氏体化，然后在空气中冷却到室温的热处理工艺。正火后组织亚共析钢为 F+S，共析钢为 S，过共析钢为 $S+Fe_3C$。

正火与退火主要区别是正火的冷却速度稍快，得到的组织比较细小，强度和硬度有所提高。此外，正火还可以消除过共析钢原始组织中存在的网状二次渗碳体。

退火和正火工艺的选择原则如下。

① 切削加工性能　工件的硬度在 $170 \sim 230$ HBS 范围内时切削加工性能最好。硬度过高，对刀具的磨损严重；硬度过低，切削加工时容易"黏刀"，使刀具发热而磨损，而且加工后工件的表面粗糙度大。因此，对于低碳钢或低碳合金钢，采用正火可提高其硬度，便于切削加工，通常采用正火作为其预备热处理工艺。高碳结构钢和工具钢应以退火（球化退火）为好，中碳以上的合金钢也选用退火。

② 使用性能　对于中碳钢和中碳合金钢，正火处理比退火处理具有更高的力学性能，如果工件的力学性能要求不高，可用正火为最终热处理；但当零件的形状复杂时，采用正火容易导致零件的变形和开裂，所以宜采用退火；在某些情况下也可以用正火代替调质处理，为高频淬火做准备。

③ 经济性　正火与退火相比操作简单，生产周期短，设备利用率高，生产效率较高，因此成本较低，所以在可能的情况下优先选择正火。

需要说明的是，在某些特殊情况下，大型或形状复杂的零件，当淬火有开裂危险时，常用正火代替淬火和回火处理。

3.3.2　钢的淬火

淬火是指将钢加热到临界温度以上，保温后以大于临界冷却速度的速度冷却，使奥氏体转变为马氏体的热处理工艺。因此，淬火的目的就是为了获得马氏体，并与适当的回火工艺相配合，以提高钢的力学性能。淬火、回火是钢的最重要的强化方法，也是应用最广的热处理工艺之一。作为各种机器零件、工具及模具的最终热处理，淬火是赋予零件最终性能的关键工序。

钢的淬火是热处理工艺中最重要的一种，淬火后配以不同温度的回火，可以得到不同强度、硬度和韧性的配合，使工件获得所需要的使用性能。

（1）淬火工艺

① 淬火加热温度　钢的化学成分是决定其淬火加热温度的最主要因素。因此碳钢的淬火加热温度可利用 Fe-Fe₃C 相图来选择，如图 3-20 所示。

亚共析钢通常加热至 A_{c3} 以上 30～50℃进行完全淬火。这是因为亚共析钢在 A_{c1} ～ A_{c3} 之间加热，则组织为奥氏体＋铁素体，淬火后组织为马氏体＋铁素体，块状铁素体使钢的强度、硬度降低。

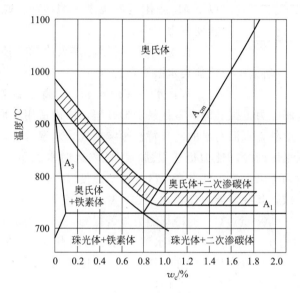

图 3-20　钢的淬火加热温度

共析钢、过共析钢通常加热至 A_{c1}＋（30～50）℃进行不完全淬火，得到细小马氏体＋少量残余奥氏体（共析钢），或细小马氏体＋未溶渗碳体＋少量残余奥氏体（过共析钢）。未溶渗碳体颗粒的存在，使钢硬度和耐磨性提高。若加热温度高于 A_{ccm}，渗碳体全部溶入奥氏体中，奥氏体的含碳量增加，这不仅使未溶渗碳体颗粒减少，而且使 M_s 点下降，淬火后残余奥氏体量增多，降低钢的硬度与耐磨性。同时，加热温度过高，会引起奥氏体晶粒粗大，形成粗大的片状马氏体，钢的脆性大为增加，且变形和开裂倾向增大。

对于低合金钢来说，淬火加热温度也应根据其临界点（A_{c1}、A_{c3}）来选定。但考虑到合金元素的影响，为了加速奥氏体化而又不引起奥氏体晶粒粗化，一般应选定为 A_{c3}（或 A_{c1}）＋（50～100）℃。

② 加热时间　加热时间包括升温和保温两个阶段，是指工件装炉后，从炉温上升到淬火温度时算起，直到出炉为止所需要的时间。加热时间包括工件透热时间和组织转变所需的时间。加热时间的影响因素比较多，它与加热炉的类型、钢种、工件尺寸大小等有关，通常用下述经验公式确定：

$$t = \alpha D$$

式中，t 为加热时间，min；α 为加热系数，min/mm；D 为工件有效厚度，mm。α 和 D 的数值可查阅有关资料确定。

③ 冷却介质　冷却是淬火的关键，冷却的好坏直接决定了钢淬火后的组织和性能。

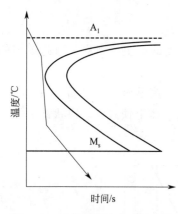

图 3-21　钢的理想淬火冷却曲线

冷却介质的冷却能力越大，钢的冷却速度越快，越容易超过钢的临界淬火速度，则工件越容易淬硬，淬硬层的深度越深。但是，冷速过大将产生巨大的淬火应力，易于使工件产生变形或开裂。因此理想的冷却介质应保证工件得到马氏体，同时变形小、不开裂。理想的淬火曲线如图 3-21 所示，650℃ 以上缓冷，以降低热应力。650～400℃ 快速冷却，保证全部奥氏体不分解。400℃ 以下 M_s 点附近的温度区域缓冷，减少马氏体转变时的相变应力。

在生产中，常用的淬火冷却介质主要是水、油、碱或盐类水溶液等。

水：水在 650～550℃ 高温区冷却能力较强，在 300～200℃ 低温区冷却能力也强。淬火零件易变形开裂，因而适用于形状简单、截面较大的碳钢零件的淬火。此外，水温对水的冷却特性影响很大，水温升高，水在高温区的冷却能力显著下降，而低温区的冷却能力仍然很强。因此淬火时水温不应超过 30℃，通过加强水循环和工件的搅动可以提高工件在高温区的冷却速度。

在水中加入盐、碱，其冷却能力比清水更强。例如浓度为 10% NaCl 或 10% NaOH 的水溶液可使高温区（650～550℃）的冷却能力显著提高，10% NaCl 水溶液较纯水的冷却能力提高 10 倍以上，而 10% NaOH 的水溶液的冷却能力更高。但这两种水基淬火介质在低温区（300～200℃）的冷却速度亦很快，而且腐蚀性大。因此适用于低碳钢和中碳钢的淬火冷却，淬火后应及时清洗并进行防锈处理。

油：油也是一种常用的淬火介质。目前工业上主要采用矿物油，如锭子油、机油、柴油等。油的主要优点是在 300～200℃ 低温区的冷却速度比水小得多，从而可大大降低淬火工件的相变应力，减小工件变形和开裂倾向。油在 650～550℃ 高温区间冷却能力低是其主要缺点。但是对于过冷奥氏体比较稳定的合金钢，油是合适的淬火介质。与水相反，提高油温可以降低黏度，增加流动性，故可提高高温区间的冷却能力。但是油温过高，容易着火，一般应控制在 60～80℃。油适用于形状复杂的合金钢工件的淬火以及小截面、形状复杂的碳钢工件的淬火。

为减少工件的变形，熔融状态的盐也常用作淬火介质，称作盐浴。其特点是沸点高，冷却能力介于水、油之间，常用于等温淬火和分级淬火，处理形状复杂、尺寸小、变形要求严格的工件等。

水和油作为冷却剂并不十分理想，并且淬火油有污染环境、不安全、使用成本高等缺点，又是宝贵的能源。近年来国内外研制了许多新型聚合物水溶液淬火介质，如聚乙烯醇、三硝水溶液等，其性能优于水或油，又降低了工艺成本，取得了良好的效果。

（2）淬火方法

淬火方法的选择，主要以获得马氏体和减少内应力、减少工件的变形和开裂为依据。常用的淬火方法有：单液淬火、双液淬火、分级淬火、等温淬火。图 3-22 所示为不同淬火方法示意。

① 单液淬火　工件在一种介质中冷却，如水淬、油淬（如图3-22曲线1）。这种淬火方法适用于形状简单的碳钢和合金钢工件。

为了减小单液淬火时的淬火应力，常采用预冷淬火法，即将奥氏体化的工件从炉中取出后，先在空气中或预冷炉中冷却一段时间，待工件冷至比临界点稍高一点的一定温度后再放入淬火介质中冷却。预冷降低了工件进入淬火介质前的温度，减少了工件与淬火介质间的温差，可以减少热应力和组织应力，从而减少工件变形或开裂倾向。但操作上不易控制预冷温度，需要经验来掌握。

单液淬火的优点是操作简便，易于实现机械化，应用广泛。缺点是在水中淬火应力大，工件容易变形开裂；在油中淬火，冷却速度小，淬透直径小，大型工件不易淬透。

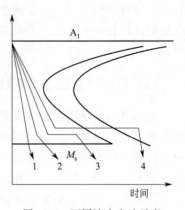

图 3-22　不同淬火方法示意
1—单液淬火；2—双液淬火；
3—分级淬火；4—等温淬火

② 双液淬火　工件先在较强冷却能力介质中冷却到接近 M_s 点温度时，再立即转入冷却能力较弱的介质中冷却，直至完成马氏体转变（如图3-22曲线2）。如：先水淬后油淬，可有效减少马氏体转变的内应力，减小工件变形开裂的倾向，可用于形状复杂、截面不均匀的工件淬火。双液淬火的缺点是难以掌握双液转换的时刻，转换过早容易淬不硬，转换过迟又容易淬裂。为了克服这一缺点，发展了分级淬火法。

③ 分级淬火　将奥氏体状态的工件首先淬入温度略高于钢的 M_s 点的盐浴或碱浴炉中保温，当工件内外温度均匀后，再从浴炉中取出空冷至室温，完成马氏体转变（如图3-22曲线3），这种淬火方法叫分级淬火。这种淬火方法由于工件内外温度均匀并在缓慢冷却条件下完成马氏体转变，不仅减小了热应力，而且显著降低组织应力，因而能有效减小或防止工件淬火变形和开裂。同时还克服了双液淬火出水入油时间难以控制的缺点。但这种淬火方法由于冷却介质温度较高，工件在浴炉中的冷却速度较慢，而等温时间又有限制，大截面零件难以达到其临界淬火速度。因此，分级淬火只适用于尺寸较小的工件，如刀具、量具和要求变形很小的精密工件。

④ 等温淬火　等温淬火是将奥氏体化后的工件淬入 M_s 点以上某温度盐浴中，等温足够长的时间，使之转变为下贝氏体组织，然后取出空冷的淬火方法（如图3-22曲线4）。

等温淬火不仅具有分级淬火的优点，而且所获得的下贝氏体组织综合力学性能较好。由于等温温度比分级淬火高，减小了工件与淬火介质的温差，从而减小了淬火热应力；又因贝氏体比体积比马氏体小，而且工件内外温度一致，故淬火组织应力也较小。因此，等温淬火可以显著减小工件变形和开裂倾向，适宜处理形状复杂、尺寸要求精密的工具和主要的机器零件，如模具、刀具、齿轮等。同分级淬火一样，等温淬火也只能适用于尺寸较小的工件。

为保证产品质量，除应选择合适的冷却介质、正确的淬火方法外，还要注意选用合适的淬入方式，其基本原则是淬入时应保证工件得到最均匀的冷却，其次是应该以最小阻力方向淬入；此外，还应考虑工件的重心稳定。一般来说，工件淬入淬火介质时应采用下述操作方法：①厚薄不均的工件，厚的部分先淬入；②细长工件一般应垂直淬入；③薄而平的工件应侧放直立淬入；④薄壁环状零件应沿其轴线方向淬入；⑤具有闭腔或盲孔的工件应使腔口或孔向上淬入；⑥截面不对称的工件应以一定角度斜着淬入，以使其冷却也比较均匀。

（3）钢的淬透性与淬硬性

钢的淬透性是指钢在淬火时获得马氏体组织的能力，它是钢材本身固有的一个属性，通常用在规定条件下，钢材的淬硬层深度和硬度的分布特性来表示。淬硬层深度是指工件整个截面上全部淬成马氏体的深度。但实际上，当钢的淬火组织中含有少量非马氏体组织时，硬度值变化不明显。因此，一般规定从工件表面向里至半马氏体区（马氏体与非马氏体组织各占一半处）的垂直距离作为有效淬硬层深度。零件淬火所能获得的淬硬层深度是变化的，随钢的淬透性、零件尺寸和形状及工艺规范的不同而变化。

淬火冷却时，在工件截面上各处的冷却速度是不同的。表面的冷却速度最快，越靠心部冷却速度越慢［见图 3-23（a）］。如果工件表面和心部冷却速度都大于钢的淬火临界冷却速度，则工件的整个截面都能获得马氏体组织，整个工件就被淬透了。如果心部冷却速度低于淬火临界冷却速度，则钢的表层获得马氏体，心部则是马氏体和珠光体类的混合组织，如图 3-23（b）所示，这时钢未淬透。对于不同种类的钢，用相同尺寸的试样，在相同的加热和冷却条件下，有的能淬透，有的不能淬透。能淬透的，说明该钢种获得马氏体的能力强，即淬透性好；不能淬透的，说明该钢获得马氏体的能力弱，淬透性不好。

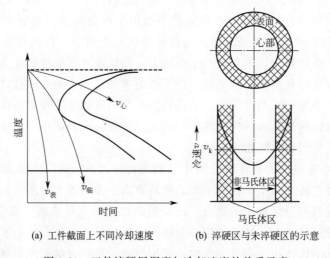

(a) 工件截面上不同冷却速度　　　(b) 淬硬区与未淬硬区的示意

图 3-23　工件淬硬层深度与冷却速度的关系示意

钢的淬透性主要取决于该钢种的淬火临界冷却速度。临界冷却速度越小，过冷奥氏体的稳定性越好，钢的淬透性也越好。

淬硬性是指钢在正常淬火条件下所能达到的最高硬度。淬硬性主要与钢的碳含量有关，它取决于淬火加热时固溶于奥氏体中的碳含量。奥氏体中固溶的碳量越高，淬火后马氏体的硬度也越高。

应当注意，钢的淬透性与淬硬性是两个完全不同的概念，淬透性好的钢，其淬硬性不一定高。如低碳合金钢淬透性很好，但淬硬性却不高；而碳素工具钢的淬透性较差，但它的淬硬性却很高。

3.3.3 钢的回火

将淬火后的钢再加热到 A_{c1} 以下的某一温度并保温，然后以适当的方式冷却到室温的热处理工艺称为回火。一般情况下，淬火后的钢都要进行回火。

回火的目的是为了稳定工件组织和尺寸，降低或消除淬火应力，提高钢的塑性和韧性，获得硬度、强度、塑性和韧性的适当配合，以满足不同工件的性能要求。

决定工件回火后的组织和性能最重要的因素是回火温度。生产中根据工件所要求的力学性能、所用的回火温度的高低，可将回火分为低温回火、中温回火和高温回火。

(1) 低温回火

低温回火温度范围一般为 150～250℃，得到回火马氏体组织。低温回火钢大部分是淬火高碳钢和淬火高合金钢。经低温回火后得到隐晶马氏体加细粒状碳化物组织，即回火马氏体。亚共析钢低温回火后组织为回火马氏体；过共析钢低温回火后组织为回火马氏体＋碳化物＋残余奥氏体。

低温回火的目的是在保持高硬度（58～64HRC）、高强度和良好的耐磨性情况下，适当提高淬火钢的韧性，同时显著降低钢的淬火应力和脆性。在生产中低温回火大量应用于高碳钢、合金工具钢制造的刃具、模具、量具及滚动轴承，渗碳、碳氮共渗和表面淬火件等。

精密量具、轴承、丝杠等零件为了减少在最后加工工序中形成的附加应力，增加尺寸稳定性，可增加一次在 120～250℃，保温时间长达几十小时的低温回火，有时称为人工时效或稳定化处理。

(2) 中温回火

中温回火温度一般在 350～500℃之间，回火组织为回火屈氏体。中温回火后工件的内应力基本消除，具有高的弹性极限和屈服极限、较高的强度和硬度（35～45HRC）、良好的塑性和韧性。中温回火主要用于各种弹簧零件及热锻模具。

(3) 高温回火

高温回火温度为 500～650℃，回火组织为回火索氏体。通常将淬火和随后的高温回火相结合的热处理工艺称为调质处理。经调质处理后钢具有优良的综合力学性能，硬度为 25～35HRC，广泛应用于中碳结构钢和低合金结构钢制造的各种受力比较复杂的重要结构零件，如发动机曲轴、连杆、螺栓、汽车半轴、机床主轴及齿轮等。也可作为某些精密工件如量具、模具等的预先热处理。

钢经正火后和调质后的硬度很相近，但重要的结构件一般都要进行调质而不采用正火。在抗拉强度大致相同情况下，经调质后的屈服点、塑性和韧性指标均显著超过正火，尤其塑性和韧性更为突出。表 3-2 为 45 钢调质与正火后的力学性能。

表 3-2　45 钢调质与正火后的力学性能比较

工　艺	力　学　性　能				组　　织
	σ_b/MPa	$\delta/\%$	$a_k/(kJ/m^2)$	硬度（HB）	
正火	700～800	12～20	500～800	163～220	细片状珠光体＋铁素体
调质	750～850	20～25	800～1200	210～250	回火索氏体

（4）回火脆性

回火脆性是指淬火钢在某些温度区间回火时产生脆化的现象（如图 3-24 所示）。

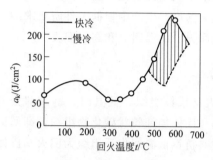

图 3-24　中碳镍铬钢冲击韧性
与回火温度的关系

① 低温回火脆性（第一类回火脆性）　低温回火脆性是指钢淬火后在 250～400℃温度范围内回火时产生的回火脆性，又称为第一类回火脆性。几乎所有的淬火钢在该温度范围内回火时，都产生不同程度的回火脆性。低温回火脆性产生后无法消除，因此生产中一般不在此温度范围内回火。

② 高温回火脆性（第二类回火脆性）　高温回火脆性是指某些合金钢淬火后，在 450～550℃温度范围回火或经更高的温度回火后，缓慢冷却缓慢冷却通过该温度区间产生的回火脆性，又称为第二类回火脆性。含有 Cr、Mn、Ni 等元素的合金钢容易产生高温回火脆性

为防止高温回火脆性的产生，可采用高温回火后快速冷却（水或油中冷却）或减少钢中的杂质元素，以及采用含 Mo、W 等元素的合金钢。

≪≪ 3.4　钢的表面热处理 ≫≫

许多机器零件，如齿轮、凸轮、曲轴等是在弯曲、扭转载荷下工作，同时受到强烈的摩擦、磨损和冲击。这时应力沿工件断面的分布是不均匀的，越靠近表面应力越大，越靠近心部应力越小。这种工件要求表面具有高的强度、硬度、耐磨性和疲劳强度，而心部具有足够的塑性和韧性。要同时满足这些要求，仅仅依靠选材是比较困难的，用普通的热处理也无法实现。表面热处理是使零件满足这一要求的最有效的加工方法。

表面热处理是指为改变工件表面的组织和性能，仅对工件表层进行的热处理工艺。常用的表面热处理方法主要有表面淬火和化学热处理两大类。

3.4.1　钢的表面淬火

表面淬火是将工件表面快速加热、冷却，把表层淬成马氏体，心部组织不变的热处理工艺。表面淬火的主要目的是使零件表面获得高硬度和高耐磨性，而心部仍保持足够的塑

性和韧性。根据加热方法不同，表面淬火可分为感应加热（高频、中频、工频）表面淬火、火焰加热表面淬火、电接触加热表面淬火、电解液加热表面淬火、激光加热表面淬火、电子束表面淬火等。工业上应用最为广泛的是感应加热表面淬火和火焰加热表面淬火。

（1）感应加热表面淬火

① 基本原理　感应加热表面淬火法的原理如图3-25所示。把工件放入由空心铜管绕成的感应器（线圈）中，感应器中通入一定频率的交流电以产生交变磁场，于是工件内就会产生频率相同、方向相反的感应电流。感应电流在工件内自成回路，故称为"涡流"。涡流在工件截面上的分布是不均匀的，表面密度大，中心密度小，通入感应器的电流频率越高，涡流集中的表面层越薄，这种现象称为"集肤效应"。由于钢本身具有电阻，因而集中于工件表面层的涡流，可使表层迅速被加热到淬火温度，而心部温度仍接近至温，所以，在随即喷水快速冷却后，就达到了表面淬火的目的。

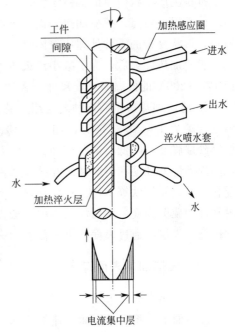

图3-25　感应加热表面淬火示意

电流透入工件表层的深度主要与电流频率有关，频率越高，透入层深度越小。对于碳钢，淬硬层深度与电流频率存在以下关系：

$$\delta = \frac{500}{\sqrt{f}}$$

式中，δ 为淬硬层深度，mm；f 为电流频率，Hz。

可见，电流频率越大，淬硬层深度越薄。因此，通过改变交流电的频率，可以得到不同厚度的淬硬层，生产中一般根据工件尺寸大小及所需淬硬层的深度来选用感应加热的频率。

感应加热设备的频率不同，其使用范围也不同。高频加热表面淬火常用的电流频率为 $250\sim300\mathrm{kHz}$，可获得的表面硬化层深度为 $0.5\sim2\mathrm{mm}$，主要用于中小模数齿轮和中小尺寸轴类零件的表面淬火；中频加热表面淬火常用的电流频率为 $2500\sim8000\mathrm{Hz}$，可获得 $3\sim6\mathrm{mm}$ 的表面硬化层，主要用于较大尺寸的曲轴、凸轮轴和大模数齿轮的表面淬火；工频加热表面淬火常用的电流频率为 $50\mathrm{Hz}$，可获得 $10\sim15\mathrm{mm}$ 以上的硬化层，主要用于较大直径零件的穿透加热及大直径零件如冷轧辊和火车车轮等的表面淬火。

② 感应加热表面淬火的特点

a. 由于感应加热速度极快，过热度增大，使钢的临界点升高，故感应加热淬火温度（工件表面温度）高于一般淬火温度。

b. 由于感应加热升温速度快，保温时间极短，奥氏体晶粒不易长大，淬火后表面得到非常细小的隐晶马氏体组织，使工件表层硬度比普通淬火高 $2\sim3\mathrm{HRC}$，耐磨性也有较大提高。

c. 感应加热表面淬火后，工件表层强度高，由于马氏体转变产生体积膨胀，故在工件表层产生很大的残余压应力，因此能显著提高零件的疲劳强度并降低缺口敏感性。小尺寸零件疲劳强度可提高 2～3 倍，大尺寸零件可提高 20％～30％。

d. 由于感应加热速度快、时间短，故淬火后无氧化、脱碳现象，又因工件内部未被加热，故工件淬火变形小。

e. 感应加热淬火的生产率高，便于实现机械化与自动化，淬火层深度又易于控制，适于批量生产形状简单的机器零件。

由于以上特点，感应加热表面淬火在热处理生产中得到了广泛的应用。其缺点是设备昂贵，形状复杂的零件处理比较困难。

感应加热淬火后，为了减小淬火应力和降低脆性并保持表面高硬度和高耐磨性，需进行 170～200℃ 的低温回火，尺寸较大的工件也可利用淬火后的工件余热进行自回火。

③ 感应加热适用的钢种与应用　感应加热表面淬火一般适用于中碳钢和中碳低合金钢（含碳量 0.4％～0.5％），如 40、45、50、40Cr、40MnB 等。因为含碳量过高，会增加淬硬层脆性，降低心部塑性和韧性，并增加淬火开裂倾向。若含碳量过低，会降低零件表面淬硬层的硬度和耐磨性。在某些条件下，感应加热表面淬火已应用于高碳工具钢、低合金工具钢及铸铁等工件。感应加热表面淬火主要用于齿轮、轴类零件的表面硬化，提高耐磨性和疲劳强度。表面淬火零件一般先通过调质或正火处理，使心部保持较高的综合力学性能，表层则通过表面淬火＋低温回火获得高硬度（大于 50HRC）、高耐磨性。

（2）火焰加热表面淬火

火焰加热表面淬火是一种利用乙炔-氧气或煤气-氧气混合气体燃烧的高温火焰，喷射在工件表面上，将工件表面迅速加热到淬火温度，而心部温度仍很低，随后以浸水和喷水方式进行激冷，使工件表层转变为马氏体而心部组织不变的工艺方法。图 3-26 为火焰加热表面淬火示意。

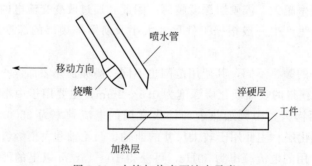

图 3-26　火焰加热表面淬火示意

火焰加热表面淬火的淬硬层深度一般为 2～6mm，若要获得更深的淬硬层，会引起零件表面的严重过热，且易产生淬火裂纹。它适用于由中碳钢、中碳合金钢及铸铁制成的大型工件（如大型轴类、大模数齿轮、轧辊等）的表面淬火。

火焰加热表面淬火的优点是：设备简单、成本低、工件大小不受限制。缺点是淬火硬度和淬透性深度不易控制，常取决于操作工人的技术水平和熟练程度；生产效率低，只适合单件和小批量生产的大型或需要局部淬火的零件。

3.4.2 钢的化学热处理

化学热处理是将钢件置于一定温度的活性介质中保温，使介质中的一种或几种元素原子渗入工件表层，以改变钢件表层化学成分和组织，进而达到改变表面性能的热处理工艺。和表面淬火不同，化学热处理后的工件表面不仅有组织的变化，而且也有化学成分的变化。

化学热处理后的钢件表面可以获得比表面淬火所具有的更高的硬度、耐磨性和疲劳强度；心部在具有良好的塑性和韧性的同时，还可获得较高的强度。通过适当的化学热处理还可使钢件具有减摩、耐腐蚀等特殊性能。因此，化学热处理工艺已获得越来越广泛的应用。

化学热处理的种类很多，根据表面渗入的元素不同，化学热处理可分为渗碳、渗氮（氮化）、碳氮共渗、渗硼、渗金属等。

化学热处理的一般过程通常由分解、吸收和扩散三个基本过程组成：

① 化学介质的分解，通过加热使化学介质释放出待渗元素的活性原子，例如渗碳时 $CH_4 \longrightarrow 2H_2 + [C]$，渗氮时 $2NH_3 \longrightarrow 3H_2 + 2[N]$；

② 活性原子被钢件表面吸收和溶解，进入晶格内形成固溶体或化合物；

③ 原子由表面向内部扩散，形成一定的扩散层。

目前，生产上应用最广的化学热处理是渗碳、渗氮和碳氮共渗。

(1) 渗碳

将钢放入渗碳的介质中加热并保温，使活性碳原子渗入钢的表层的工艺称为渗碳。其目的是通过渗碳及随后的淬火＋低温回火，使工件表面具有高的硬度、耐磨性和良好的抗疲劳性能，而心部具有较高的强度和良好的韧性。渗碳并经淬火加低温回火与表面淬火不同，表面淬火不改变表层的化学成分，而是依靠表面加热淬火来改变表层的组织，从而达表面强化的目的；而渗碳并经淬火加低温回火则能同时改变表层的化学成分和组织，因而能更有效地提高表层的性能。渗碳可使同一材料制作的机器零件兼有高碳钢和低碳钢的性能，从而使这些零件既能承受磨损和较高的表面接触应力，同时又能承受弯曲应力及冲击负荷的作用。

① 渗碳方法　根据渗碳剂的不同，渗碳方法有气体渗碳、固体渗碳和液体渗碳。目前，生产中应用较多的是气体渗碳法。

固体渗碳法是将低碳钢件放入装满固体渗碳剂的渗碳箱中，密封后送入炉中加热至渗碳温度，以使活性碳原子渗入工件表层。固体渗剂通常是由木炭和碳酸盐（$BaCO_3$ 或 Na_2CO_3 等）混合组成。其中木炭是基本的渗碳介质，碳酸盐在渗碳过程中起着催化助渗的作用，可加速渗碳过程的进行，故又称为"催渗剂"。渗碳温度一般为 $900 \sim 930℃$，渗碳保温时间视层深要求确定，常常需要十几个小时。固体渗碳法加热时间长，生产率低，劳动条件差，渗碳质量不易控制，故已逐渐被气体渗碳法所代替。但由于因体渗碳法设备简单，渗碳剂来源广、成本低，故目前一些小厂仍广泛采用。

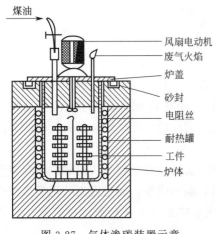

煤油

风扇电动机
废气火焰
炉盖
砂封
电阻丝
耐热罐
工件
炉体

图 3-27　气体渗碳装置示意

气体渗碳法是将低碳钢或低碳合金钢工件置于密封的渗碳炉中，加热至完全奥氏体化温度（奥氏体溶碳量大，有利于碳的渗入），通常是 900～950℃，并通入渗碳介质使工件渗碳的方法，气体渗碳装置如图 3-27 所示。气体渗碳介质可分为两大类：一是液体介质（含有碳氢化合物的有机液体），如煤油、苯、醇类和丙酮等，使用时直接滴入高温炉罐内，经裂解后产生活性碳原子；二是气体介质，如天然气、丙烷气及煤气等，使用时直接通入高温炉罐内，经裂解后用于渗碳。但是由渗剂直接滴入炉内进行渗碳时，由于热裂解出的活性碳原子过多，不能全部为零件表面吸收而以炭黑、焦油等形式沉积于零件表面，阻碍渗碳过程，而且渗碳气氛的碳势也不易控制。因此发展了滴注式可控气氛渗碳，即向高温炉中同时滴入两种有机液体，一种液体（如甲醇）产生的气体碳势较低，作为稀释气体；另一种液体（如醋酸乙酯）产生的气体碳势较高，作为富化气。通过改变两种液体的滴入比例，利于露点仪或红外分析仪控制碳势，使零件表面的碳含量控制在要求的范围内。

②渗碳后的组织　常用于渗碳的钢为低碳钢和低碳合金钢，如 20、20Cr、20CrMnTi、18Cr2Ni4 等。渗碳后渗层中的含碳量是不均匀的，表面最高（约 1.0%），由表及里逐渐降低至原始含碳量。所以渗碳后缓冷组织自表面至心部依次为：过共析组织（珠光体＋二次渗碳体）、共析组织（珠光体）、亚共析组织（珠光体＋铁素体）的过渡区，直至心部的原始组织。对于碳钢，渗碳层深度规定为：从表层到过渡层一半（50%P＋50%F）的厚度。图 3-28 为低碳钢渗碳缓冷后的显微组织。

根据渗层组织和性能的要求，一般零件表层含碳量最好控制在 0.85%～1.05% 之间，若含碳量过高，会出现较多的网状或块状碳化物，则渗碳层变脆，容易脱落；含碳量过低，则硬度不足，耐磨性差。渗层厚度一般为 0.5～2.0mm，渗层碳含量变化应当平缓。

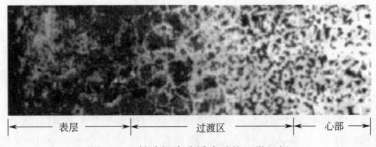

|← 表层 →|← 过渡区 →|← 心部 →|

图 3-28　低碳钢渗碳缓冷后的显微组织

渗碳层含碳量和渗碳层深度依靠控制通入的渗碳剂量、渗碳时间和渗碳温度来保证。当渗碳零件有不允许高硬度的部位时，如装配孔等，应在设计图样上予以注明。该部位可采取镀铜或涂抗渗涂料的方法来防止渗碳，也可采取多留加工余量的方法，待零件渗碳后在淬火前去掉该部位的渗碳层（即退碳）。

③ 渗碳后的热处理　为了充分发挥渗碳层的作用，使零件表面获得高硬度和高耐磨性，心部保持足够的强度和韧性，零件在渗碳后必须进行适当的热处理，否则就达不到表面强化的目的。渗碳后的热处理方法有：直接淬火法、一次加热淬火法和二次加热淬火法，如图 3-29 所示。工件渗碳后随炉［见图 3-29(a)］或出炉预冷［见图 3-29(b)］到稍高于心部成分的 A_{r3} 温度（避免析出铁素体），然后直接淬火，这就是直接淬火法。预冷的目的主要是减少零件与淬火介质的温差，以减少淬火应力和零件的变形。直接淬火法工艺简单、生产效率高、成本低、氧化脱碳倾向小。但因工件在渗碳温度下长时间保温，奥氏体晶粒粗大，淬火后则形成粗大马氏体，性能下降，所以只适用于过热倾向小的本质细晶粒钢，如 20CrMnTi 等。

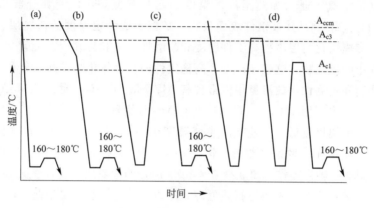

图 3-29　渗碳后热处理示意图

(a)、(b) 直接淬火　(c) 一次淬火　(d) 二次淬火

零件渗碳终了出炉后缓慢冷却，然后再重新加热淬火，这称为一次淬火法［见图 3-29(c)］。这种方法可细化渗碳时形成的粗大组织，提高力学性能。淬火温度的选择应兼顾表层和心部。如果强化心部，则加热到 A_{c3} 以上，使其淬火后得到低碳马氏体组织；如果强化表层，需加热到 A_{c1} 以上。这种方法适用于组织和性能要求较高的零件，在生产中应用广泛。

工件渗碳冷却后两次加热淬火，即为两次淬火法，如图 3-29(d) 所示。一次淬火加热温度一般为心部成分的 A_{c3} 以上，目的是细化心部组织，同时消除表层的网状碳化物。二次淬火加热温度一般为 A_{c1} 以上，使渗层获得细小粒状碳化物和隐晶马氏体，以保证获得高强度和高耐磨性。该工艺复杂、成本高、效率低、变形大，仅用于要求表面高耐磨性和心部高韧性的重要零件。

渗碳件淬火后都要在 160～180℃ 范围内进行低温回火。淬火加低温回火后，渗碳层的组织由高碳回火马氏体、碳化物和少量残余奥氏体组成，其硬度可达到 60～62HRC，具有高的耐磨性。心部组织与钢的淬透性及工件的截面尺寸有关。全部淬透时是低碳回火马氏体；未淬透时是低碳回火马氏体加少量铁素体或屈氏体加铁素体组织。

(2) 渗氮

渗氮俗称氮化，是指在一定温度下使活性氮原子渗入工件表面，形成含氮硬化层的化学热处理工艺。其目的是提高零件表面硬度（可达 1000～1200HV)、耐磨性、疲劳强度、热硬性和耐蚀性等。渗氮主要用于耐磨性要求高，耐蚀性和精度要求高的零件，有许多零件（如高速柴油机的曲轴、汽缸套、镗床的镗杆、螺杆、精密主轴、套筒、蜗杆、较大模数的精密齿轮、阀门以及量具、模具等），它们在表面受磨损、腐蚀和承受交变应力及动载荷等复杂条件下工作，表面要求具有高的硬度、耐磨性、强度、耐腐蚀、耐疲劳等，而心部要求具有较高的强度和韧性。更重要的是还要求热处理变形小，尺寸精确，热处理后最好不要再进行机加工。这些要求用渗碳是不能完全达到的，而渗氮却可以完全满足这些要求。

常用的渗氮方法有气体渗氮、离子渗氮、氮碳共渗（软氮化）等。生产中应用较多的是气体渗氮。

气体渗氮是将氨气通入加热至渗氮温度的密封渗氮炉中，使其分解出活性氮原子（$2NH_3 \longrightarrow 3H_2 + 2[N]$）并被钢件表面吸收、扩散形成一定厚度的渗氮层。渗氮主要通过在工件表面形成氮化物层来提高工件硬度和耐磨性。氮和许多合金元素如 Cr、Mo、Al 等均能形成细小的氮化物。这些高硬度、高稳定性的合金氮化物呈弥散分布，可使渗氮层具有更高的硬度和耐磨性，故渗氮用钢常含有 Al、Mo、Cr 等，而 38CrMoAl 钢成为最常用的渗氮钢，其次也有用 40Cr、40CrNi、35CrMn 等钢种。

由于氨气分解温度较低，故通常的渗氮温度在 500～580℃ 之间。在这种较低的处理温度下，氮原子在钢中扩散速度很慢，因此，渗氮所需时间很长，渗氮层也较薄。例如 38CrMoAl 钢制造的轴类零件，要获得 0.4～0.6mm 的渗氮层深度，渗氮保温时间需 50h 以上。渗氮温度低且渗氮后不再进行热处理，所以工件变形小。鉴于此，许多精密零件非常适宜进行渗氮处理。为了提高钢件心部的强韧性，需要在渗氮前对工件进行调质处理。

渗氮主要缺点是工艺时间太长，例如得到 0.3～0.5mm 的渗氮层，一般为 20～50h，而得到相同厚度的渗碳层只需要 3h 左右。渗氮成本高，渗氮层薄（0.3～0.6mm）而脆。

为了缩短渗氮周期，目前广泛应用离子渗氮工艺。低真空气体中总是存在微量带电粒子（电子和离子），当施加一高压电场时，这些带电粒子即作定向运动，其中能量足够大的带电粒子与中性的气体原子或分子碰撞，使其处于激发态，成为活性原子或离子。离子渗氮就是利用这一原理，把作为阴极的工件放在真空室，充以稀薄的 H_2 和 N_2 混合气体，在阴极和阳极之间加上直流高压后，产生大量的电子、离子和被激发的原子，它们在高压电场的作用下冲向工件表面，产生大量的热把工件表面加热，同时活性氮离子和氮原子为工件表面所吸附，并迅速扩散，形成一定厚度的渗氮层。氢离子则可以清除工件表面的氧化膜。离子渗氮适用于所有钢种和铸铁，渗氮速度快，渗氮层及渗氮组织可控，变形极小，可显著提高钢的表面硬度和疲劳强度。

(3) 碳氮共渗

碳氮共渗是同时向钢件表面渗入碳和氮原子的化学热处理工艺，也俗称为氰化。碳氮共渗零件的性能介于渗碳与渗氮零件之间。碳氮共渗件常选用低碳或中碳钢及中碳合金钢。目前中温（780～880℃）气体碳氮共渗和低温（500～600℃）气体氮碳共渗（即气体软氮化）的应用较为广泛。中温体碳氮共渗主要以渗碳为主，共渗后可直接淬火和低温回火。热处理后工件表面组织为含碳、氮的回火马氏体＋残余奥氏体＋少量碳氮化合物，心部组织仍为低碳马氏体。其性能特点是渗层具有较高的硬度、耐磨性、疲劳强度和耐蚀性，用于提高结构件（如齿轮、蜗轮、轴类件）的硬度、耐磨性和疲劳性能；低温气体氮碳共渗以渗氮为主，这种工艺类似氮化，但渗层硬度比氮化低，韧度比氮化好，故生产中常称为软氮化。低温气体氮碳共渗具有共渗速度快，生产率高，共渗温度低，零件变形小的特点，处理后的渗层具有较高的疲劳强度、抗蚀性和抗咬合性，主要用于机床零件、汽车的小型零件以及模具、量具和刀具的表面处理。

催渗技术作为一种能缩短化学热处理的工艺过程周期和提高渗层质量的方法，能显著地提高生产效率，自20世纪80年代，我国学者首先发现稀土催渗现象后，催渗研究就在我国蓬勃发展起来。由于起步早，参与面广，我国催渗技术的研究水平目前处于国际领先水平。我国是稀土资源大国，大力发展稀土在化学热处理领域的应用，可充分发挥资源优势以获得最佳的技术、经济效果。

在碳氮共渗过程中加入稀土，不仅可以活化渗入介质，缩短化学热处理的工艺过程周期，还能使渗层组织结构发生新的变化，改善共渗层组织，起到微合金化作用，使钢共渗层性能得到提高。

《《《 3.5 热处理的工程应用 》》》

3.5.1 热处理工序位置安排

在零部件的制造流程中，合理安排热处理工序的位置对提高零部件机加工的质量和效率，对保证零部件的使用性能具有重要的意义。

按照热处理目的和工序位置的不同，热处理工艺可分为预先热处理和最终热处理两大类，其工序位置安排的基本原则如下。

(1) 预先热处理的工序位置

预先热处理的作用是消除前一工序造成的某些缺陷，为最终热处理工序作准备，并改善零件的切削加工性能。预先热处理主要包括退火、正火和调质等，其工序位置一般安排在毛坯生产之后，切削加工之前，或者粗加工之后，半精加工之前。

① 正火和退火的工序位置　退火和正火的目的主要是消除工件中的残余应力，细化晶粒、均匀组织，改善工件的切削加工性能，为最终热处理做好组织准备。安排在毛坯生产出来之后，切削加工之前。对于精密度高的零件，为了消除切削加工引起的残余应力，一般要在切削加工工序之间，安排去应力退火。对于过共析钢，若存在网状渗碳体组织，还需要在球化退火前进行正火处理。退火、正火件的加工路线为：

毛坯生产→退火（或正火）→切削加工

② 调质的工序位置　调质处理的目的是为了提高零件的综合力学性能或为表面淬火做好组织准备。一般安排在粗加工之后，半精加工或精加工之前。调质件的工艺路线如下：

下料→锻造→正火（或退火）→粗加工→调质→半精加工（或精加工）

在生产中，灰铸铁件、铸钢件和某些无特殊性能要求的锻钢件经退火、正火或调质后，已能满足使用性能要求，不再进行最终热处理，上述热处理即为最终热处理。

（2）最终热处理的工序位置

最终热处理是使零部件获得最终的力学性能和使用寿命的热处理，经过这类热处理后硬度较高，除磨削加工外，一般不能进行其他切削加工。因此一般安排在半精加工之后，磨削加工之前。最终热处理包括：整体淬火回火、表面淬火、渗碳、和渗氮等。

① 整体淬火、回火的工序位置

下料→锻造→正火（或退火）→粗加工、半精加工→整体淬火、回火→精加工（磨削）

② 表面淬火的工序位置

下料→锻造→正火（或退火）→粗加工→调质→半精加工→表面淬火、低温回火→精加工（磨削）

③ 渗碳的工序位置

下料→锻造→正火（或退火）→粗加工、半精加工→渗碳→切除防渗余量→整体淬火、低温回火→精加工（磨削）

④ 渗氮的工序位置

由于渗氮钢零件渗氮后具有很高的表面硬度（900HV 以上）和极小的渗氮变形，且渗氮层薄而脆，故渗氮后一般不再进行切削加工，渗氮工序安排在精磨后、研磨或抛光之前进行。例如，38CrMoAlA 钢零件的加工路线安排如下：

下料→锻造→正火（或退火）→粗加工→调质→半精加工→去应力退火→精加工（磨削）→渗氮→研磨或抛光

3.5.2 典型零件热处理工艺应用

（1）机床主轴

机床主轴（见图 3-30）主要用于力的传递，要求具有较高的综合力学性能，轴承位置要求具有较高的硬度和耐磨性。一般多选用中碳结构钢（如 45 钢）制造。其热处理条件为：机床主轴进行整体调质处理，硬度要求达到 220～250 HBW；轴承位置及锥孔表面淬火，硬度要求达到 50～52HRC。

机床主轴的工艺路线一般为：

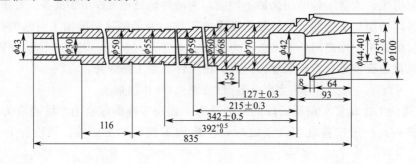

图 3-30　机床主轴

下料→锻造→正火→机加工(粗)→调质→机加工(半精)→高频感应淬火＋低温回火→磨削。

机床主轴热处理各工序的作用如下。

① 正火　作为预备热处理,其目的是均匀组织,细化晶粒;消除锻造应力,改善切削加工性能。

② 调质　目的是获得回火索氏体,使主轴整体具有较好的综合力学性能,为表面淬火做好组织准备。

③ 高频感应淬火＋低温回火　作为最终热处理,高频感应淬火可使轴承位置及锥孔表面得到高硬度、高耐磨性和高的疲劳强度;低温回火可消除应力,防止磨削时产生裂纹,并保持高硬度和高耐磨性。

(2) 汽车(拖拉机)变速器齿轮

汽车(拖拉机)变速器齿轮(见图 3-31)主要担负着传递动力和变速的重要任务,工作条件恶劣,受力较大,启动、制动和变速时受冲击频繁,负载较重,对耐磨性、弯曲疲劳强度、接触疲劳强度、心部强度和韧性等性能要求都较高,用碳钢或中碳低合金钢经高频感应淬火已不能保证其使用性能,应选用合金渗碳钢如 20CrMnTi 和 20MnVB 等。这类钢经正火处理后再进行渗碳处理,表面硬度可达 $58\sim62$HRC,心部硬度达到 $35\sim45$HRC。

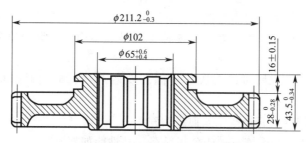

图 3-31　汽车(拖拉机)变速器齿轮

汽车、拖拉机变速器齿轮的工艺路线一般为:

下料→锻造→正火→机加工→渗碳→淬火＋低温回火→喷丸→精磨。

加工路线中各热处理工序的作用如下:

① 正火　目的是均匀组织,细化晶粒;消除锻造应力,改善切削加工性能。

② 渗碳　目的是提高齿面碳的质量分数,保证渗碳层的深度。

③ 淬火＋低温回火　淬火的目的是提高齿面硬度并获得一定的淬硬层深度,提高齿面耐磨性和接触疲劳强度;低温回火可消除淬火应力,防止磨削裂纹的产生,提高冲击抗力。

④ 喷丸　喷丸处理可提高齿面硬度 $1\sim3$HRC,增加表面残留压应力,从而提高接触疲劳强度。

(3) 手用丝锥

手用丝锥(见图 3-32)是用来加工金属零件内孔螺纹的手动工具,工作时受力较小,切削速度很低，失效形式以磨损为主，因此要求刃部具有较高的硬度和耐磨性，心部具有足够的强度和韧性。用 T12A 钢制造，热处理技术要求：刃部硬度 61～63 HRC，心部及柄部硬度为 40～45 HRC。

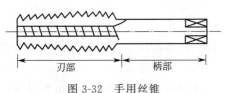

图 3-32　手用丝锥

手用丝锥的工艺路线一般为：

下料→球化退火→机加工→淬火＋低温回火→柄部快速回火→防锈处理（发蓝）。

加工路线中各热处理工序的作用如下：

① 球化退火　主要目的是为了获得球状珠光体组织，降低硬度，改善钢件的切削加工性能，并为最终热处理做好组织准备。

② 淬火　目的是为了获得马氏体组织。

③ 低温回火　主要目的是为了获得回火马氏体和消除淬火应力。

④ 柄部快速回火　柄部硬度要求不高，常用快速回火的方法。即把柄部的 1/2 浸入 580～620℃的盐浴中加热 15～30s，然后立即水冷，以防止热量传至刃部使其硬度降低。

⑤ 防锈处理（发蓝）　发蓝是指钢件在高温浓碱（NaOH）和氧化剂（$NaNO_2$ 或 $NaNO_3$）中加热，使表面形成致密氧化层（厚度约 $1\mu m$，呈天蓝色）的表面处理工艺。致密的氧化层可以保护钢件内部不受氧化，起到防锈作用。

习题与思考题

1. 什么是热处理？常用的热处理工艺有哪些？

2. 奥氏体化的步骤有哪些？为何加热时要获得细小均匀的奥氏体晶粒？如何控制奥氏体晶粒的大小？

3. 以共析钢为例，说明过冷奥氏体等温转变的产物、金相形态特征以及力学性能特点。

4. 影响 C 曲线的因素有哪些？如何影响？

5. 什么是马氏体？马氏体有哪些金相形态，其性能如何？

6. 马氏体转变有什么特点？

7. 将直径为 5mm 的 T8 钢加热至 780℃并保温后经图中不同的冷却速度冷却，请问，在冷速 V_1、V_2、V_3、V_4、V_5 下分别会得到什么组织？

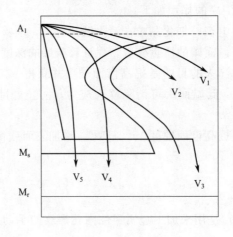

8. 两把碳含量为 1.2%、直径为 10mm 的碳钢薄试样，分别加热到 780℃和 900℃，并保温足够时间，在快速（大于临界冷却速度）冷却至室温，试分析：

(1) 哪个温度加热淬火后马氏体组织粗大？

(2) 哪个温度加热淬火后马氏体碳含量高？

(3) 哪个温度加热淬火后残余奥氏体量多？

(4) 哪个温度加热淬火后未溶碳化物多？

(5) 你认为哪个温度加热淬火合适？为什么？

9. 确定下列钢件的退火方法，并指出退火目的及退火后的组织：

(1) 经冷轧后的 15 钢钢板，要求降低硬度。

(2) 改善 T12 钢的切削加工性能。

(3) 锻造过热的 60 钢锻坯。

10. 指出下列工件的淬火及回火温度，并说出回火后获得的组织。

(1) 45 钢小轴（要求综合力学性能好）。

(2) 60 钢弹簧。

(3) T12 钢锉刀。

11. 为什么钢经淬火后一定要进行回火？按回火温度的高低可将回火分为哪三类？各自的所对应的回火组织是什么？

12. 指出下列工件正火的主要作用及正火后的组织。

(1) 20CrMnTi 制造传动齿轮

(2) T12 钢制造铣刀

13. 什么是钢的回火脆性？如何避免第二类回火脆性的发生？

14. 某工厂生产一种柴油机的凸轮，其表面要求具有高硬度（＞50HRC），而零件心部要求具有良好的韧性（a_k＞50J/cm^2），本来是采用 45 钢经调质处理后再在凸轮表面上进行高频淬火，最后进行低温回火。现因工厂库存的 45 钢已用完，只剩下 15 号钢，试说明以下几个问题。

(1) 原用 45 钢各热处理工序的目的。

(2) 改用 15 钢后，仍按 45 钢的上述工艺路线进行处理，能否满足性能要求？为什么？改用 15 钢后，应采用怎样的热处理工艺才能满足上述性能要求？试说明各热处理工序的目的以及最终得到的组织。

15. 用 T10A 钢制作冷冲模，其工艺路线如下：锻造→热处理 1→机加工→热处理 2→精磨。

(1) 写出各热处理名称及作用；(2) 指出各次热处理后的组织。

第 **4** 章

工业用钢及铸铁 》》》

工业用钢是应用最广泛的金属材料。国标 GB/T 13304.1—2008 中规定按化学成分分类，钢分为非合金钢、低合金钢和合金钢三大类。按习惯钢可分为碳素钢（简称碳钢）和合金钢两大类。

《《《 4.1 碳 钢 》》》

4.1.1 碳钢的成分和分类

(1) 碳钢的成分

实际使用的碳钢主要由 Fe、C、Mn、Si、S、P 等元素组成。C 决定钢的力学性能，Mn、Si 有利于提高钢的强度和硬度。S 易使钢发生热脆（高温锻轧时开裂）。P 易使钢发生冷脆（室温脆性增加）。它们对钢的性能和质量影响很大，必须严格控制在规定的范围之内。

(2) 碳钢的分类

碳钢主要有以下几种分类方法：

① 按碳质量分数分类

低碳钢——$w_c \leqslant 0.25\%$

中碳钢——$0.25\% < w_c \leqslant 0.6\%$

高碳钢——$w_c > 0.6\%$

② 按钢的质量分类

普通碳素钢——$w_S \leqslant 0.04\%$，$w_P \leqslant 0.045\%$

优质碳素钢——$w_S \leqslant 0.035\%$，$w_P \leqslant 0.035\%$

高级优质碳素钢——$w_S \leqslant 0.02\%$，$w_P \leqslant 0.03\%$

③ 按钢的用途分类

碳素结构钢——用于制造各种工程构件（桥梁、船舶、建筑构件等）和机器零件（齿轮、轴螺栓等）。一般属于低碳钢、中碳钢。

碳素工具钢——用于制造各种工具（刃具、模具、量具等）。一般属于高碳钢。

4.1.2 碳钢的牌号及用途

(1) 碳素结构钢

碳素结构钢的牌号是由代表屈服点的字母（Q）、屈服点数值、质量等级符号（A、B、C、D）及脱氧方法符号等四个部分按顺序组成。其中质量等级为 A 级的碳素结构钢中硫、磷的含量最高，D 级的碳素结构钢中硫、磷的含量最低；脱氧方法符号的含义如下：F—沸腾钢、b—半镇静钢、Z—镇静钢、TZ—特殊镇静钢。通常多用镇静钢，故其符号 Z 一般省略不表示。例如 Q235AF 表示屈服强度为 235MPa 的 A 级沸腾钢。

表 4-1 列出了碳素结构钢的化学成分、力学性能及用途。

表 4-1　碳素结构钢的牌号、化学成分、力学性能及用途（摘自 GB/T 700—2006）

牌号	等级	脱氧方法	化学成分[①]（质量分数）/%（不大于）				拉伸试验[②]			冲击试验（V 型缺口）		用途举例
			C	Mn	P	S	屈服强度 R_{eH}/MPa	抗拉强度 R_m/MPa	断后伸长率 A/%	温度/℃	冲击吸收功（纵向）/J	
Q195	—	F,Z	0.12	0.50	0.035	0.040	≥195	315～430	≥33	—	—	用于载荷不大的结构件、铆钉、垫圈、地脚螺栓、开口销、拉杆、螺纹钢筋、冲压件和焊接件
Q215	A	F,Z	0.15	1.20	0.045	0.050	≥215	335～450	≥31	—	—	
	B					0.045				+20	≥27	
Q235	A	F,Z	0.22	1.40	0.045	0.050	≥235	370～500	≥26	—	—	用于结构件、钢板、螺纹钢筋、型钢、螺栓、螺母、铆钉、拉杆、齿轮、轴、连杆。Q235C，Q235D 可用作重要焊接结构件
	B		0.20			0.045				+20	≥27	
	C	Z	0.17		0.040	0.040				0		
	D	TZ			0.035	0.035				-20		
Q275	A	F,Z	0.24	1.50	0.045	0.050	≥275	410～540	≥22	—	—	强度较高，用于承受中等载荷的零件，如键、链、拉杆、转轴、链轮、链环片、螺栓及螺纹钢筋等
	B	Z	0.21		0.045	0.045				+20	≥27	
			0.22									
	C	Z	0.20		0.040	0.040				0		
	D	TZ			0.035	0.035				-20		

① Q195 钢的 $w(Si) \leqslant 0.30\%$，其余牌号钢的 $w(Si) \leqslant 0.35\%$。

② 屈服强度为钢材厚度（直径）≤16mm 时的数据，断后伸长率为钢材厚度（直径）≤40mm 时的数据。

注：表中为镇静钢、特殊镇静钢牌号的统一数字代号，沸腾钢的统一数字代号如下：Q195F—U11950；Q215AF—U12150，Q215BF—U12153；Q235AF—U12350；Q235BF—U12353；Q275AF—U12750。

（2）优质碳素结构钢

优质碳素结构钢的牌号一般用两位数字表示。这两位数字表示钢中平均碳的质量分数的万倍。这类钢全部是优质级，不标质量等级符号。如 45 表示该钢的 $w_C = 0.45\%$。优质碳素结构钢按含锰量的不同，分为普通含锰量（$w_{Mn} = 0.25\% \sim 0.8\%$）和较高含锰量（$w_{Mn} = 0.7\% \sim 1.2\%$）两组。含锰量较高的一组在其数字的尾部加"Mn"，如 15Mn、45Mn 等。

优质碳素结构钢的牌号、化学成分、性能及用途见表 4-2。

表 4-2　优质碳素结构钢的牌号、化学成分、性能及用途

牌号	$w_C/\%$	屈服强度 R_{eH}	抗拉强度 R_m	伸长率 A	断面收缩率 Z	KU_2	HBW		用途举例
		MPa		%		J	热轧	退火	
		不大于					不大于		
08F	0.05~0.11	175	295	35	60	—	131	—	
08	0.05~0.12	195	325	33	60	—	131	—	
10F	0.07~0.14	185	315	33	55	—	137	—	
10	0.07~0.14	205	335	31	55	—	137	—	塑性高,焊接性好,宜制冲压件、焊接件及一般螺钉、铆钉、垫圈、渗碳件等
15F	0.12~0.19	205	355	29	55	—	143	—	
15	0.12~0.19	225	275	27	55	—	143	—	
20F	0.17~0.24	230	300	27	55	—	156	—	
20	0.17~0.24	245	410	25	55	—	156	—	
25	0.22~0.30	275	450	23	50	71	170	—	
30	0.27~0.35	295	490	21	50	63	179	—	
35	0.32~0.40	315	530	20	45	55	197	—	综合力学性能优良,宜制承载力较大的零件,如连杆、曲轴、主轴、活塞杆等
40	0.37~0.45	335	570	19	45	47	217	187	
45	0.42~0.50	355	600	16	40	39	229	197	
50	0.47~0.55	375	630	14	40	31	241	207	
55	0.52~0.60	390	645	13	35	—	255	217	
60	0.57~0.65	400	675	12	35	—	225	229	
65	0.62~0.70	410	695	10	30	—	225	229	
70	0.67~0.75	420	715	9	30	—	269	220	屈服强度高,宜制弹性元件(如各种螺旋弹簧、板簧等)及耐磨零件
75	0.72~0.80	880	1080	7	20	—	285	241	
80	0.77~0.85	930	1080	6	30	—	285	241	
85	0.82~0.90	980	1130	6	30	—	302	255	
15Mn	0.12~0.19	245	410	26	55	—	163		
20Mn	0.17~0.24	275	450	24	50	—	197		
25Mn	0.22~0.30	295	490	22	50	71	207		
30Mn	0.27~0.35	315	540	20	45	63	217	187	
35Mn	0.32~0.40	335	560	18	45	55	229	197	渗碳零件、受磨损零件及较大尺寸的各种弹性元件等
40Mn	0.37~0.45	355	590	17	45	47	229	207	
45Mn	0.42~0.50	375	620	15	40	39	241	217	
50Mn	0.48~0.56	390	645	13	40	31	255	217	
60Mn	0.57~0.65	410	695	11	35	—	266	229	
65Mn	0.62~0.70	430	735	9	30	—	285	229	
70Mn	0.67~0.75	450	785	8	30	—	285	229	

这类钢随着钢号数字的增加，其碳的质量分数增加，组织中珠光体量增加，铁素体量

减少，则钢的强度增加，而塑性、韧性随之下降。

08、10钢，含碳量很低，塑性很好，可用来作冲压件，如外壳、容器等。

15、20、25钢，低碳钢，强度不高，而塑性韧性较好，具有良好的冲压性和可焊性，可用来制作冲压件、螺钉、螺帽等。经渗碳淬火后可获得表面硬度高而心部韧性好，常用作渗碳用钢，亦称碳素渗碳钢。可用以制造凸轮、销、摩擦片等。

35、40、45、50钢，中碳钢，经调质处理后使用，可获得既有一定强度和硬度，又有一定塑性和韧性良好配合的综合力学性能，亦称碳素调质钢，可制造齿轮、连杆、套筒、轴类等零件。

60、65钢，含碳量较高，强度高而塑性低，具有一定的耐磨性，经热处理后有很高的弹性极限，常用于制造各种弹性零件，亦称碳素弹簧钢。

（3）碳素工具钢

碳素工具钢的牌号一般用符号"T"加上碳的质量分数的千倍表示。其中符号"T"是"碳"字的汉语拼音字首。如T10、T12等。一般优质碳素工具钢不加质量等级符号，而高级优质碳素工具钢则在其数字后面再加上"A"字，如T8A、T12A等。

碳素工具钢的牌号、化学成分、性能及用途见表4-3。

表4-3　碳素工具钢的牌号、化学成分、性能及用途

| 牌号 | 主要成分 $w/\%$ | | 退火后温度/℃ | 淬火温度/℃及冷却剂 | 淬火后硬度（HRC）不小于 | 用途举例 |
	C	Mn				
T7 T7A	0.65～0.74	≤0.40		800～820 水	62	用于承受冲击，要求韧性较好，但切削性能不太高的工具，如凿子、冲头、手锤、剪刀、木工工具、简单胶木模等
T8 T8A	0.75～0.84		187	780～800 水		用于承受冲击，要求硬度较高和耐磨性好的工具，如简单的模具、冲头、切削软金属刀具、木工铣刀、斧、圆锯片等
T8Mn T8MnA	0.80～0.90	0.40～0.60				同上。因含Mn较高、淬透性较好，可制造截面较大的工具等
T9 T9A	0.85～0.94		192			用于要求韧性较好、硬度较高的工具，如冲头、凿岩工具、木工工具等
T10 T10A	0.95～1.04		197	760～780 水		用于要求不受剧烈冲击，有一定韧性及锋利刃口的各种工具，如车刀、刨刀、冲头、钻头、锥、手工锯条、小尺寸冲模等
T11 T11A	1.05～1.14	≤0.40	207			同上。还可做刻刀的凿子、钻岩石的钻头等
T12 T12A	1.15～1.24					用于不受冲击，要求高硬度、高耐磨的工具，如锉刀、刮刀、丝锥、精车刀、铰刀、锯片、量规等
T13 T13A	1.25～1.35		217			同上。用于要求更耐磨的工具，如剃刀、刻字刀、拉丝工具等

碳素工具钢使用前都要进行热处理。预备热处理一般为球化退火。最终热处理为淬火加低温回火，硬度可达60～64HRC。随着碳质量分数的增加，热处理后钢的耐磨性提高，而塑性、韧性降低。由于碳素工具钢的淬透性不高，故适用于小尺寸的模具、刀具和量具等。

T7、T8 硬度高，韧性较高，可制作冲头、凿子、锤子等工具。

T9、T10、T11 硬度高，韧性适中，可制造钻头、刨刀、丝锥、手锯条等刃具及冷作模具等。

T12、T13 等硬度高，韧性较低，可制作锉刀、刮刀等刃具及量规、样套等量具。工作温度一般不超过 180℃，否则硬度急剧下降。

《《《 4.2 合金钢 》》》

尽管碳素钢的冶炼、加工都比较简单，价格便宜，并且通过热处理可以得到不同的性能，但其强度和淬透性低，热硬性差，耐磨、耐热和耐蚀性能都比较低，因而使用领域受到限制。为改善钢的力学性能或获得某些力学性能，在冶炼时有目的地加入一种或数种合金元素的钢即为合金钢。

4.2.1 概述

(1) 合金钢的分类

合金钢的分类方法很多。按合金元素质量分数多少，可分为低合金钢（合金元素质量分数<5%）、中合金钢（合金元素质量分数为 5%～10%）和高合金钢（合金元素质量分数量>10%）。按所含的主要合金元素，可分为铬钢、铬镍钢、锰钢、硅锰钢等。我国常采用按用途分类，可分为合金结构钢、合金工具钢和特殊性能钢三大类。

(2) 合金钢的牌号表示方法

我国合金钢牌号采用碳质量分数、合金元素的种类和质量分数以及质量级别来编号。

① 合金结构钢的牌号　合金结构钢的牌号由"二位数字＋元素符号＋数字"组成。前面的两位数字表示平均碳质量分数的万倍，元素符号表示所含合金元素，后面的数字表示合金元素含量的百倍。凡合金元素质量分数小于 1.5%时，编号中只标明元素符号，一般不标含量。如果合金元素平均质量分数等于或大于 1.5%、2.5%、3.5%、…，则在元素符号后相应标出 2、3、4、…。合金结构钢都是优质钢、高级优质钢（牌号后加"A"字）或特级优质钢（牌号后加"E"字）。如 40Cr，表示平均碳质量分数为 0.40%，Cr 的质量分数小于 1.5%的优质合金钢。又如 20Cr2Ni4A，表示平均碳质量分数为 0.20%，Cr 的质量分数为 2.0%，Ni 平均质量分数为 4.0%，高级优质钢。

滚动轴承钢在牌号前标以"G"，但不标碳含量。铬含量以千分之几计，其他合金元素按合金结构钢的合金含量表示。例如：平均含铬量为 1.50％的轴承钢，其牌号表示为"GCr15"。

② 合金工具钢　合金工具钢的牌号表示方法与机器零件用钢相似，但当其平均碳的质量分数大于 1％时，含碳量不标出，当其平均碳的质量分数小于 1％时，则牌号前的数字表示平均碳的质量分数的千倍。合金元素的表示方法与合金结构钢相同。如 9SiCr 表示平均碳质量分数为 0.9％左右，铬、硅各为 1％左右；Cr12 表示平均碳质量分数大于 1％，含铬为 12％左右。

高速钢例外，不论其平均碳质量分数为多少均不予标出。如 W18Cr4V、W6Mo5Cr4V2 等。

③ 特殊性能钢　不锈钢、耐热钢牌号中表示碳的质量分数采用两位或三位数字表示，合金元素的表示方法与其他合金钢相同。如 40Cr13，表示平均碳质量分数为 0.40％，Cr 的质量分数为 13％的不锈钢。

除此而外，还有一些特殊专用钢，为表示钢的用途，在牌号前或后附以字母。如铸造合金钢的牌号是在一般合金钢的牌号前加 "ZG"，如 ZGMn13 等。又如易切削钢 Y15、Y40Mn、等。

(3) 合金元素在钢中的作用

合金元素指的是指为了改善钢铁的力学性能或使之获得某些特殊性能，在钢冶炼过程中有目的地加入的一些化学元素。常用的合金元素有：锰（Mn）、硅（Si）、铬（Cr）、镍（Ni）、钼（Mo）、钨（W）、钒（V）、钛（Ti）、锆（Zr）、钴（Co）、铝（Al）、硼（B）及稀土元素（Re）等。由于这些元素在钢中既能与铁和碳元素发生作用，又能彼此相互作用，所以合金元素在合金钢中的作用很复杂，它对钢的组织和性能产生的影响很大。

① 合金元素对钢中基本相的影响　碳钢的基本相是铁素体和渗碳体。合金元素中与碳亲和力较弱的元素称为非碳化物形成元素，如 Ni、Si、Co、Al、Cu 等，溶入铁素体（或奥氏体）中形成合金铁素体（或合金奥氏体）；与碳亲和力较强的元素称为碳化物形成元素，如：Mn、Cr、W、Mo、V、Nb、Zr、Ti 等，与碳相互作用形成碳化物。

a. 溶入铁素体，产生固然强化　加入钢中的非碳化物形成元素及过剩的碳化物形成元素都将溶于铁素体中，起固溶强化作用。即使钢的强度和硬度提高、韧性降低。图 4-1 和图 4-2 为合金元素对铁素体硬度和韧性的影响。由图可见，P、Si、Mn 强化效果最显著，而且合金元素含量越高，强化效应越明显。冲击韧性随合金元素质量分数增加而变化的趋势有所下降，而 Cr、Ni 在适当的含量范围内不但能提高铁素体的硬度，而且还提高其韧性。

b. 合金元素与碳作用形成合金碳化物　碳化物是钢中的重要强化相。合金元素依据它们与碳亲和力的强弱程度，溶入渗碳体形成合金渗碳体，或是形成特殊碳化物。

弱碳化物形成元素 Mn，中强碳化物形成元素 Cr、W、Mo 等，溶入渗碳体形成合金渗碳体，如 $(Fe、Mn)_3C$、$(Fe、Cr)_3C$ 等。合金渗碳体比渗碳体稳定，硬度有明显提高。

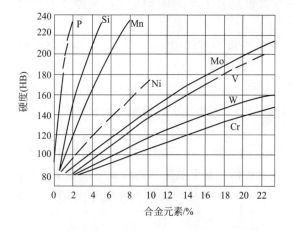

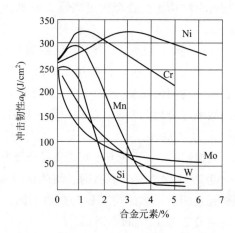

图 4-1　合金元素对铁素体硬度的影响　　　　　图 4-2　合金元素对铁素体韧性的影响

强碳化物形成元素 V、Nb、Zr、Ti 等与碳亲和力强，形成特殊碳化物，如 TiC、NbC、VC 等。中强碳化物形成元素，当含量大于 5％时也将形成特殊碳化物，如 Cr_7C_3、W_2C。特殊碳化物比合金渗碳体具有更高的熔点、硬度和耐磨性，也更稳定。

碳化物的类型、数量、大小、形状和分布对钢的性能有很重要的影响。

加入钢中的碳化物形成元素能进入渗碳体中，形成合金渗碳体，如 Cr 进入渗碳体中形成（Fe、Cr）$_3$C。

② 合金元素对 $Fe-Fe_3C$ 相图的影响

a. 合金元素对奥氏体相区的影响　　加入钢中的合金元素，根据其对奥氏体相区的作用可分为两类。

一类是扩大奥氏体相区的元素，如 Ni、Co、Mn、N 等，这些元素使 A_1、A_3 线下降。如钢中加入 $w_{Mn} \geqslant 13\%$，或 $w_{Ni} \geqslant 9\%$时，使奥氏体相区的范围扩大至室温，因而室温下钢具有单相奥氏体组织，称为奥氏体钢。

另一类是缩小奥氏体相区的元素，如 Cr、W、Mo、V、Ti、Si 等，这些元素使 A_1、A_3 线上升，从而缩小奥氏体相区的范围。如 $w_{Cr} \geqslant 17\%$时，奥氏体相区消失，室温下钢具有单相铁素体组织，称为铁素体钢。

图 4-3 和图 4-4 分别为锰和铬对奥氏体相区的影响。

b. 合金元素 S 点和 E 点位置的影响　　几乎所有合金元素都使相图中 S 点和 E 点左移。S 点左移意味着共析体含碳量减少，如钢中含 12％ Cr 时，共析体含碳量为 0.4％。E 点左移意味着出现莱氏体的含碳量降低，如高速钢中含碳量仅 0.8％，但已出现莱氏体组织，称为莱氏体钢。

③ 合金元素对钢的热处理的影响

a. 合金元素对加热转变的影响　　合金元素影响加热时奥氏体形成的速度和奥氏体晶粒的大小。

ⓐ 对奥氏体形成速度的影响　　除 Co、Ni 外，大多数合金元素特别是强碳化物形成元素，如 Cr、Mo、W、V 等，因与碳的亲和力大，形成难溶于奥氏体的合金碳化物，显著减慢奥氏体形成速度。对含有这些元素的合金钢在热处理时，要相应地提高加热温度或延

长保温时间，才能得到成分均匀、含有足够数量合金元素的奥氏体。

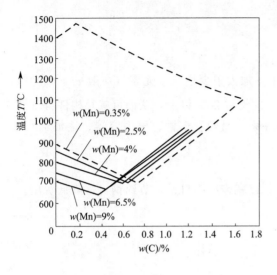

图 4-3　锰对奥氏体相区的影响

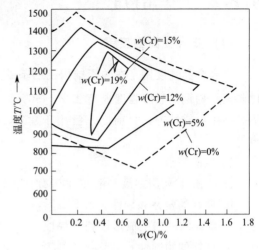

图 4-4　铬对奥氏体相区的影响

　　ⓑ 对奥氏体晶粒大小的影响　大多数合金元素都有阻止奥氏体晶粒长大的作用，但影响程度不同。合金元素与碳的亲和力越大，阻碍奥氏体晶粒长大的作用越强烈，因而强碳化物形成元素，如 V、Ti、Nb、Zr 等具有细化晶粒的作用。Mn、P 元素对奥氏体晶粒长大起促进作用，因此含锰钢加热时应严格控制加热温度和保温时间。

　　b. 合金元素对冷却转变的影响　除 Co 外，几乎所有溶入奥氏体的合金元素都增大过冷奥氏体的稳定性，使 C 曲线右移，钢的淬透性提高。淬透性的提高，可使钢的淬火冷却速度降低，有利于减小零件的淬火变形与开裂倾向。钢中常用提高淬透性的元素有：Mo、Mn、Cr、Ni、Si、B 等。采用多元少量的合金化原则，对提高钢的淬透性将更为有效，如铬锰钢、铬镍钢等。

　　除 Co、Al 外，所有溶入奥氏体的合金元素都使 M_s 和 M_f 点下降，使淬火后钢中残余奥氏体量增多。残余奥氏体量过多时，可进行冷处理（冷至 M_f 点以下），以使其转变为马氏体；或进行多次回火来降低残余奥氏体量。

　　c. 合金元素对淬火钢回火转变过程的影响

　　ⓐ 提高回火稳定性　淬火钢在回火过程中抵抗硬度下降的能力称为回火稳定性。大多数合金元素（特别是强碳化物形成元素）对碳原子扩散起阻碍作用，延缓马氏体的分解，使碳化物难以聚集长大，使回火时硬度下降变缓。因此，当回火硬度相同时，合金钢的回火温度比相同含碳量的碳钢高，这对消除内应力是有利的。而当回火温度相同时，合金钢的强度、硬度则比碳钢高。

　　ⓑ 产生二次硬化　一些 Mo、W、V 含量较高的高合金钢，在 $500 \sim 600 ℃$ 回火时，从马氏体中析出大量细小、分布均匀的 Mo_2C、W_2C、VC，使钢的硬度不仅不下降，反而升高，这种现象称为二次硬化。二次硬化使钢具有热硬性，这对于工具钢是非常重要的。

4.2.2 合金结构钢

(1) 低合金高强度钢

低合金高强度钢是在碳素结构钢的基础上，加入了少量合金元素（一般 $w_{Me} < 3\%$），比碳素结构钢的屈服强度提高 25%～50%，节约钢材 20% 以上，从而可减轻构件自重量、提高使用可靠性等，目前已广泛用于建筑、桥梁、船舶、车辆、压力容器、输油输气管道等。

① 性能特点

a. 高强度　屈服强度一般在 300MPa 以上，以减轻结构自重，节约钢材，降低费用。

b. 良好的塑性和韧性。

c. 良好的冷加工成形性和可焊性。

d. 良好的耐蚀性。

② 成分特点

a. 低碳　为保证良好的塑性、韧性、冷成形性和焊接性，碳的质量分数一般不超过 0.20%。

b. 低合金　以 Mn 为主加元素，因锰的资源丰富，固溶强化效果明显，还可通过对 Fe-Fe_3C 相图中 S 点的影响，增加组织中珠光体的数量并使之细化，提高钢的强度和韧性。辅加微量元素 Nb、V、Ti 等，形成稳定性高的碳、氮化合物，它们既可阻止热轧时奥氏体晶粒长大、保证室温下获得细铁素体晶粒，又能起第二相强化作用，进一步提高钢的强度。加入少量 Cu 和 P，可以提高耐蚀性能。

③ 热处理特点　这类钢大多在热轧或正火状态下使用，不需进行专门的热处理。使用状态下组织为铁素体加珠光体。如为了改善焊接区性能，可进行以此正火处理。

④ 常用钢种　常用低合金高强度钢的牌号、化学成分、力学性能和用途见表 4-4。

案例 1：1957 年建成的武汉长江大桥采用 Q235 钢制造，其主跨跨度为 128m。我国自行设计和建造的南京长江大桥采用强度较高的低合金结构钢 Q345 钢制造，其主跨跨度 160m；而 1991 年建成的九江长江大桥则用强度更高的低合金结构钢 Q420 钢制造，其主跨跨度达到 216m。

案例 2：2008 年北京奥运会主运动场"鸟巢"的钢结构总用钢量约为 11 万吨，其外部结构用钢 4.2 万吨，采用我国自主创新研发的 Q460EZ 钢制作，可容纳 9 万多名观众。

(2) 合金渗碳钢

主要用于制造要求高耐磨性、承受高接触应力和冲击载荷的重要零件，如汽车、拖拉机的变速齿轮，内燃机上的凸轮轴、活塞销等。

① 性能要求

a. 表面具有高硬度和高耐磨性，心部具有足够的韧性和强度，即表硬里韧。

b. 具有良好的热处理工艺性能，如高的淬透性和渗碳能力，在高的渗碳温度下，奥氏体晶粒长大倾向小以便于渗碳后直接淬火。

表 4-4 低合金高强度结构钢的牌号、化学成分和力学性能（摘自 GB/T 1591—2008）

牌号	质量等级	化学成分①（质量分数）/% ≤														拉伸试验②			冲击试验②（V形）		用途举例
		C	Si	Mn	P	S	Nb	V	Ti	Cr	Ni	Cu	N	Mo	B	下屈服强度 R_{eL}/MPa	抗拉强度 R_m/MPa	断后伸长率 A/%	温度/℃	冲击吸收功（纵向）/J	
Q345	A	0.20	0.50	1.70	0.035	0.035	0.07	0.15	0.20	0.30	0.50	0.30	0.012	0.10	—	≥345	470~630	20	—	—	具有良好的综合力学性能，塑性和焊接性好，冲击韧性较好。一般在热轧或正火状态下使用。适于制作桥梁、船舶、车辆、管道、锅炉、各种容器、油罐、电站、厂房结构、低温压力容器等结构构件
	B				0.035	0.035													20	≥34	
	C				0.030	0.030									—			21	0		
	D	0.18			0.030	0.025													−20		
	E				0.025	0.020													−40		
Q390	A	0.20	0.50	1.70	0.035	0.035	0.07	0.20	0.20	0.30	0.50	0.30	0.015	0.10	—	≥390	490~650	20	—	—	具有良好的综合力学性能，焊接性及冲击韧性较好，一般在热轧状态下使用。适于制作锅炉汽包、中高压石油化工容器、桥梁、船舶、起重机、较高负荷的焊接件、联接构件等
	B				0.035	0.035													20	≥34	
	C				0.030	0.030													0		
	D				0.030	0.025													−20		
	E				0.025	0.020													−40		
Q420	A	0.20	0.50	1.70	0.035	0.035	0.07	0.20	0.20	0.30	0.80	0.30	0.015	0.20	—	≥420	520~680	19	—	—	具有良好的综合力学性能、焊接性良的低温韧性，焊接性好，冷热加工性好，一般在热轧或正火状态下使用。适于制作高压容器、重型机械、桥梁、船舶、机车车辆、锅炉及其他大型焊接结构件
	B				0.035	0.035													20	≥34	
	C				0.030	0.030													0		
	D				0.030	0.025													−20		
	E				0.025	0.020													−40		

牌号	质量等级	化学成分①(质量分数)/% ≤														拉伸试验②			冲击试验②(V形)		用途举例
		C	Si	Mn	P	S	Nb	V	Ti	Cr	Ni	Cu	N	Mo	B	下屈服强度 R_{eL}/MPa	抗拉强度 R_m/MPa	断后伸长率 A/%	温度/℃	冲击吸收功(纵向)/J	
Q460	C	0.20	0.60	1.80	0.030	0.030										≥460	550~720	17	0	34	经正火、正火加回火或淬火加回火处理后有很高的综合力学性能。主要用于各种大型工程结构及要求强度高、载荷大的轻型结构
	D				0.030	0.025	0.11	0.20	0.20	0.30	0.80	0.55	0.015	0.20	0.004				−20		
	E				0.025	0.020													−40		
Q500	C	0.18	0.60	1.80	0.030	0.030										≥500	610~770	17	0	≥55	用于机械制造、钢结构、起重和运输设备、制作各种塑料模具、光亮模具、工程机械、耐磨零件、石油化工和电站的钢炉、热交换器、球罐、油罐、气罐、核反应堆压力容器、钢罐、炉汽包、液化石油气罐、水轮机涡流壳等
	D				0.030	0.025	0.11	0.12	0.20	0.60	0.80	0.55	0.015	0.20	0.004				−20	≥47	
	E				0.025	0.020													−40	≥31	
Q550	C	0.18	0.60	2.00	0.030	0.030										≥550	670~830	16	0	≥55	
	D				0.030	0.025	0.11	0.12	0.20	0.80	0.80	0.80	0.015	0.30	0.004				−20	≥47	
	E				0.025	0.020													−40	≥31	
Q620	C	0.18	0.60	2.00	0.030	0.030										≥620	710~880	15	0	≥55	
	D				0.030	0.025	0.11	0.12	0.20	1.00	0.80	0.80	0.015	0.30	0.004				−20	≥47	
	E				0.025	0.020													−40	≥31	
Q690	C	0.18	0.60	2.00	0.030	0.030										≥690	770~940	14	0	≥55	
	D				0.030	0.025	0.11	0.12	0.20	1.00	0.80	0.80	0.015	0.30	0.004				−20	≥47	
	E				0.025	0.020													−40	≥31	

① 各牌号钢 C、D、E 三级的 $w(Als) \geq 0.015\%$。

② 下屈服强度为钢材厚度（直径）≤16mm 时的数据，抗拉强度和断后伸长率为钢材厚度（直径）≤40mm 时的数据，冲击吸收功为钢材厚度（直径）为 12~150mm 时的数据。

② 成分特点

a. 低碳　碳质量分数一般为 0.1%～0.25%，以保证心部有足够的塑性和韧性，碳高则心部韧性下降。

b. 合金元素　主加元素为 Cr、Mn、Ni、B 等，其主要作用是提高钢的淬透性，以提高心部的强度和韧性；辅加元素为 W、Mo、V、Ti 等强碳化物形成元素，形成稳定的碳化物，阻止渗碳时奥氏体晶粒长大，同时还能提高渗碳层的耐磨性。

③ 热处理特点　为改善切削加工性能，渗碳钢的预备热处理一般采用正火。渗碳后的热处理是淬火＋低温回火。渗碳后工件表面碳的质量分数达到 0.80%～1.05%，热处理后表面组织是高碳回火马氏体＋颗粒状碳化物＋少量残余奥氏体，硬度达 58～62HRC。心部组织与钢的淬透性和零件截面尺寸有关，全部淬透时是低碳回火马氏体，硬度为 40～48HRC；未淬透时为低碳回火马氏体＋屈氏体＋少量铁素体，硬度为 25～40HRC，$A_k > 47J$。

④ 钢种及牌号

a. 低淬透性合金渗碳钢　典型钢种 20Cr。这类钢的淬透性低、心部强度低，只适于制造受冲击载荷较小的耐磨零件，如小齿轮、活塞销、小轴等。

b. 中淬透性合金渗碳钢　典型钢种是 20CrMnTi。这类钢有良好的力学性能和工艺性能。淬透性较高，过热敏感性小。主要用于制造承受高速中载，并要求抗冲击和耐磨损的零件，特别是汽车、拖拉机上的重要齿轮及离合器轴等。

c. 高淬透性合金渗碳钢　典型钢种为 18Cr2Ni4WA 和 20Cr2Ni4A。这类钢由于含有较多的 Cr、Ni 等合金元素，不但淬透性高，而且具有很好的韧性，特别是低温冲击韧性。主要用于制造大截面、高载荷的重要齿轮和耐磨件，如飞机、坦克中的重要齿轮及曲轴等。

常用渗碳钢的牌号、化学成分、热处理、性能及用途如表 4-5 所示。

案例 1：20Cr 钢制造活塞销。机加工后 930℃渗碳，预冷至 880℃油淬火，200℃回火，表面硬度达 60HRC。

案例 2：20CrMnTi 钢制造汽车变速齿轮。锻造后正火，加工齿形后 930℃渗碳，预冷到 860℃直接油淬，200℃低温回火。齿表面硬度为 55～60HRC，心部硬度为 35～45HRC。

(3) 合金调质钢

合金调质钢是指经过调质处理（淬火＋高温回火）后使用的中碳合金结构钢，主要用于制造在多种载荷（如扭转、弯曲、冲击等）下工作，受力比较复杂，要求具有良好综合力学性能的重要零件，如汽车、拖拉机、机床等上的齿轮、轴类件、连杆、高强度螺栓等。

① 性能要求

a. 具有良好的综合力学性能，即具有较高的强度和良好的塑性、韧性。

b. 具有良好的淬透性，以保证零件整个截面力学性能的均匀性和高的强韧性。

② 成分特点

a. 中碳　碳质量分数一般在 0.25%～0.5%，以 0.4%居多。碳含量过低，淬硬性不够；碳含量过高，热处理后韧性不足。

表4-5 常用渗碳钢的牌号、化学成分、热处理、性能及用途

类别	牌号	统一数字代号	化学成分/%					热处理/℃			力学性能 ≥					毛坯尺寸/mm	应用举例
			w_C	w_{Mn}	w_{Si}	w_{Cr}	其他	第一次淬火	第二次淬火	回火	抗拉强度 R_m/MPa	屈服强度 R_{eH}/MPa	伸长率 A/%	断面收缩率 Z/%	KU_2/J		
低淬透性	15	U20152	0.12~0.18	0.35~0.65	0.17~0.37						375	225	27	55		25	小轴、小模数齿轮、活塞销等小型渗碳件
	20	U20202	0.17~0.23	0.35~0.65	0.17~0.37						410	245	25	55		25	代替20Cr作为小齿轮、小轴、活塞销、十字机头等船舶主机螺钉、齿轮、活塞销、凸轮、滑阀、轴等
	20Mn2	A00202	0.17~0.24	1.40~1.80	0.17~0.37			850 水、油		200 水、空	785	590	10	40	47	15	机床变速箱齿轮、齿轮轴、凸轮、蜗杆、轴等
	15Cr	A20152	0.12~0.18	0.40~0.70	0.17~0.37	0.70~1.00		880 水、油	780~820 水、油	200 水、空	735	490	11	45	55	15	同上，也用作锅炉、高压容器、大型高压管道等
	20Cr	A20202	0.18~0.24	0.50~0.80	0.17~0.37	0.70~1.00		880 水、油	780~820 水、油	200 水、空	835	540	10	40	47	15	齿轮、轴、蜗杆、活塞销、摩擦轮
	20MnV	A01202	0.17~0.23	1.30~1.60	0.17~0.37		V0.07~0.12	880 水、油		200 水、空	785	590	10	40	55	15	汽车、拖拉机上的齿轮、齿轮轴、十字销头等
中淬透性	20CrMn	A22202	0.17~0.23	0.90~1.20	0.17~0.37	0.90~1.20		850 油		200 水、空	930	735	10	45	47	15	代替20CrMnTi制造汽车、拖拉机、中等负荷的渗碳件
	20CrMnTi	A26202	0.17~0.23	0.80~1.10	0.17~0.37	1.00~1.30	Ti0.04~0.10	880 油	870 油	200 水、空	1080	850	10	45	55	15	代替20CrMnTi、20Cr、20CrNi制造机床的齿轮和重型机床的齿轮和汽车发动机齿轮
	20MnTiB	A74202	0.17~0.24	1.30~1.60	0.17~0.37	0.70~1.00	Ti0.04~0.10 B0.005~0.0035	860 油		200 水、空	1130	930	10	45	55	15	大型渗碳齿轮、轴类和飞机发动机齿轮
	20MnVB	A73202	0.17~0.23	1.20~1.60	0.17~0.37	0.80~1.10	B0.0005~V0.0035 0.07~0.12	850 油		200 水、空	1080	885	10	45	55	15	大型渗碳件，如大截面齿轮、轴等
高淬透性	18Cr2Ni4WA	A52183	0.13~0.19	0.30~0.60	0.17~0.37	1.35~1.65	W0.8~1.2 Ni4.0~4.5	950 空	850 空	200 水、空	1180	835	10	45	78	15	承受高负荷的齿轮、蜗杆、蜗杆、轴、方向接头叉等
	20Cr2Ni4	A43202	0.17~0.23	0.30~0.60	0.17~0.37	1.25~1.65	Ni3.25~3.65	880 油	780 油	200 水、空	1180	1080	10	45	63	15	
	12Cr2Ni4	A43122	0.10~0.16	0.30~0.60	0.17~0.37	1.25~1.65	Ni3.25~3.65	860 油	780 油	200 水、空	1080	835	10	50	71	15	

注：1. 钢中的磷、硫质量分数均不大于0.035%。
2. 15、20钢的力学性能为正火状态时的力学性能，15钢正火温度为920℃，20钢正火温度为910℃。

b. 合金元素　主加元素为 Cr、Mn、Si、Ni、B 等，除可以提高淬透性外，还能形成合金铁素体，提高钢的强度。辅加元素为 Mo、W、V 等碳化物形成元素，可以细化晶粒，增加钢的强韧性。Mo、W 可防止第二类回火脆性。

③ 热处理特点　合金调质钢的预备热处理采用退火或正火，以改善锻造组织、细化晶粒，改善钢的切削加工性能。最终热处理为淬火加高温回火。合金调质钢淬透性较高，一般采用油淬。回火温度的选择取决于工件的硬度要求，常采用 500～650℃ 回火。调质后组织为回火索氏体。为防止第二类回火脆性，回火后快冷（水冷或油冷），有利于韧性的提高。

通常用调质钢制造的零件，除了要求较高的综合力学性能外，往往还要求某些部位（如轴类零件的轴颈或花键部分）有良好的耐磨性。为此，在调质处理后，一般还要在局部部位进行高频感应表面淬火。

对于要求耐磨性良好的零件，在调质处理后，也可进行氮化处理，提高其硬度、耐磨性、热稳定性和耐蚀性。

④ 钢种及牌号

a. 低淬透性调质钢　油淬临界直径为 20～40mm，最典型的是 40Cr，可用于制造一般尺寸的重要零件，如齿轮、轴、连杆、高强度螺栓等。40MnB、40MnVB 钢是为了节约 Cr 而发展的代用钢，40MnB 的淬火稳定性较差，切削加工性能也差一些。

b. 中淬透性调质钢　油淬临界直径为 40～60mm，含有较多的合金元素，典型牌号有 40CrNi、35CrMo 等。常用于制造截面较大、承受较高载荷的机器零件，如内燃机曲轴、变速箱主动轴、连杆等。

c. 高淬透性调质钢　油淬临界直径为 60～100mm，多为铬镍钢。典型牌号有 40CrMnMo、40CrNiMoA、25Cr2Ni4WA 等。主要用于制造大截面、重载荷的重要机器零件，如汽轮机主轴、叶轮、航空发动机曲轴等。

常用调质钢的牌号、化学成分、热处理、性能及用途如表 4-6 所示。

案例 1：40Cr 钢制造汽车连杆螺栓。调质处理：850℃ 加热油淬，520℃ 回火油冷。$R_{eL}>785MPa$，$A_k>47J$。强度高，韧性好。

案例 2：35CrMo 钢制造传动轴。调质处理：850℃ 加热油淬，550℃ 回火油冷。轴颈部位高频感应表面淬火、200℃ 回火。整根轴 $R_{eL}>835MPa$，$A_k>63J$。强度高，韧性好。轴颈表面硬度 55～58HRC，耐磨性好。

(4) 合金弹簧钢

用来制造各种弹性元件，如在汽车、拖拉机、坦克、机车车辆上制作减震板簧和螺旋弹簧的钢种称为弹簧钢。弹簧是广泛应用于机械、交通、仪表、国防等行业中的重要零件。它主要利用弹性变形来吸收冲击能量，减轻机械的振动和冲击作用，如用于车辆上的板弹簧。弹簧还可以储存能量，使机器零件完成事先规定的动作，如钟表发条、气门弹簧等。

① 性能要求　弹簧一般在动载荷、交变应力下工作，不允许产生塑性变形和疲劳断裂，因此要求弹簧钢应具有以下性能：

a. 具有高的弹性极限和屈强比，以保证承受大的弹性变形和较高的载荷；

表 4-6 常用油淬调质钢的牌号、化学成分、热处理、性能及用途

类别	牌号	统一数字代号	化学成分/%					热处理/℃		力学性能(不小于)						毛坯尺寸/mm	应用举例
			w_C	w_{Mn}	w_{Si}	w_{Cr}	其他	淬火	回火	抗拉强度 R_m/MPa	屈服强度 R_{eH}/MPa	伸长率 A/%	断面收缩率 Z/%	KU_2/J	退火硬度(HBW)		
低淬透性	45	U20452	0.42~0.50	0.50~0.80	0.17~0.37	≤0.25		840	600	600	355	16	40	39	≤197	25	小截面、中载荷的调质件,如主轴、曲杆、链轮等
	40Mn	U21402	0.37~0.44	0.70~1.00	0.17~0.37	≤0.25		840	600	590	355	17	45	47	≤207	25	比45钢强韧性要求稍高的调质件
	40Cr	A20402	0.37~0.44	0.50~0.80	0.17~0.37	0.80~1.10		850 油	520	980	785	9	45	47	≤207	25	重要调质件,如轴类、连杆、螺栓、机床齿轮蜗杆、销子等
	45Mn2	A00452	0.42~0.49	1.40~1.80	0.17~0.37			840 油	550	885	735	10	45	47	≤217	25	代替40Cr做 φ<50mm 的重要调质件,如机床主轴、凸轮等
	45MnB	A71452	0.42~0.49	1.10~1.40	0.17~0.37		B0.0005~0.0035	840 油	500	1030	835	9	40	39	≤217	25	代替40Cr做调质件,如齿轮、凸轮、蜗杆等
	40MnVB	A73402	0.37~0.44	1.10~1.40	0.17~0.37		V0.05~0.10 B0.0005~0.0035	850 油	520	980	785	10	45	47	≤207	25	可代替40Cr或40CrMo制造汽车、拖拉机和机床的重要调质件,如主轴、连杆等
中淬透性	35SiMn	A10352	0.32~0.40	1.10~1.40	1.10~1.40			900 水	570	885	735	15	45	47	≤229	25	除低温稍差外,可全面代替40Cr和部分代替40CrNi
	40CrNi	A40402	0.37~0.44	0.50~0.80	0.17~0.37	0.45~0.75	Ni1.00~1.40	820 油	500	980	785	10	45	55	≤241	25	做较大截面的重要件,如曲轴、主轴、齿轮、连杆等
	40CrMn	A22402	0.37~0.45	0.90~1.20	0.17~0.37	0.90~1.20		840 油	550	980	835	9	45	47	≤229	25	代替40CrNi做受冲击载荷的大零件,如齿轮轴、离合器等
	35CrMo	A30352	0.32~0.40	0.40~0.70	0.17~0.37	0.80~1.10	Mo0.15~0.25	850 油	550	980	835	12	45	63	≤229	25	代替40CrNi做大截面齿轮和高负荷传动轴、发电机转子等
	30CrMnSi	A24302	0.27~0.34	0.80~1.10	0.90~1.20	0.80~1.10		880 油	520	1080	885	10	45	39	≤229	25	用于飞机调质件,如起落架、螺栓、天窗盖、冷气瓶等
	38CrMnAl	A33382	0.35~0.42	0.30~0.60	0.20~0.45	1.35~1.65	Mo0.15~0.25	940 水,油	640	980	835	14	50	71	≤229	30	高级渗氮钢,做重要丝杠、镗杆、主轴、高压阀门等
	37CrNi3	A42372	0.34~0.41	0.30~0.60	0.17~0.37	1.20~1.60	Ni3.00~3.50	820 油	500	1130	980	10	50	47	≤269	25	高强韧性的大型零件,如汽轮机叶轮、转子轴等
高淬透性	25Cr2Ni4WA	A52253	0.21~0.28	0.30~0.60	0.17~0.37	1.35~1.65	Ni4.00~4.50 W0.80~1.20	850 油	550	1080	930	11	45	71	≤269	25	大截面高负荷的重要调质件,如汽轮机主轴、转子等
	40CrNiMoA	A50403	0.37~0.44	0.50~0.80	0.17~0.37	0.60~0.90	Mo0.15~0.25 Ni1.25~1.65	850 油	600	980	835	12	55	78	≤269	25	高强韧性大型重要件,如飞机起落架,航空发动机轴等
	40CrMnMo	A34402	0.37~0.45	0.90~1.20	0.17~0.37	0.90~1.20	Mo0.20~0.30	850 油	600	980	785	10	45	63	≤217	25	部分代替40CrNiMoA,如做卡车后桥半轴、齿轮轴等

注:钢中的磷、硫质量分数均不大于 0.035%。

b. 具有高的疲劳强度，以防止在振动和交变应力作用下产生疲劳断裂；

c. 具有足够的塑形和韧性。

弹簧钢还应具有良好的淬透性，过热敏感性小、不易脱碳等。另外，在高温、易蚀条件下工作的弹簧，还应有良好的耐热性和耐蚀性。

② 成分特点

a. 中、高碳　以保证高的弹性极限与疲劳强度。合金弹簧钢的碳含量为 0.5%～0.7%。碳含量过低，达不到高的屈服强度的要求；碳含量过高，钢的脆性很大。

b. 合金元素　主加元素为 Si、Mn、Cr，主要是提高淬透性，强化铁素体，提高屈强比。辅加元素 Mo、V、W 等，减小脱碳、过热倾向，细化晶粒，提高韧性。

③ 加工与热处理特点　根据弹簧尺寸的不同，采用不同的成形与热处理方法。

a. 冷成形弹簧　钢丝直径或钢板厚度小于 8～10mm 时，常用冷拉弹簧钢丝或弹簧钢带冷卷成形。为消除冷卷成形所引起的残余应力，提高弹性极限，稳定弹簧的尺寸，还需在 200～300℃的油槽中进行一次去应力退火。

b. 热成形弹簧　钢丝直径或钢板厚度大于 10mm 时，常采用热态下成形，一般在淬火加热时成形。此时淬火加热温度比正常淬火温度高 50～80℃，进行热卷成形后立即淬火，然后在 400～500℃回火，得到回火屈氏体组织，硬度在 40～48HRC。

热成形弹簧钢的热处理是淬火和中温回火。淬火温度一般为 830～870℃，温度过高易发生晶粒长大和脱碳现象。淬火加热后在 50～80℃油中冷却。回火温度一般为 420～520℃，获得回火屈氏体。回火后硬度大约在 39～52HRC，螺旋弹簧回火后硬度一般为 45～50HRC，汽车板弹簧回火后硬度一般为 40～48HRC，具有较高的弹性极限、疲劳强度和一定的塑韧性。

弹簧在热处理后通常还要进行喷丸处理，消除表面缺陷，使表面强化并在表面产生残余压应力以提高疲劳强度。

④ 钢种及牌号　应用最广的是 60Si2Mn 钢，价格较低，淬透性、弹性极限、屈服强度、疲劳强度均较高。主要用于汽车、拖拉机和机车上的板簧和螺旋弹簧等。

50CrVA 钢不仅淬透性更，而且有较高的高温强度、韧性和较好的热处理工艺性能。因此，可用于制造 350～400℃下承受重载的大型弹簧，如阀门弹簧、高速柴油机的气门弹簧等。

常用弹簧钢的牌号、化学成分、热处理、性能及用途如表 4-7 所示。

案例：60Si2Mn 钢制造汽车板弹簧。钢板加热到 920℃，热压成形后油淬，440℃回火，获得回火屈氏体组织。$R_{eL}>1375$MPa，硬度为 43～48HRC。

(5) 滚动轴承钢

用来制造滚动轴承的内外套圈和滚动体（滚珠、滚柱、滚针等）等的专用钢，也可用于制造精密量具、冷冲模等多种工具和耐磨件。

① 性能要求　滚动轴承是一种高速运转的零件，滚动体与轴承套之间为点或线接触，接触压力高达 3000～5000MPa；应力交变次数每分钟达几万次；同时，在运转过程中，滚珠不仅高速滚动，还有滑动，与套圈之间还存在摩擦。此外，轴承在使用中还承受冲击，并与水、润滑剂接触，受到一定的腐蚀作用。因此要求滚动轴承钢具有以下性能：

表 4-7 常用弹簧钢的牌号、化学成分、热处理、性能及用途

牌号	化学成分/%						热处理/℃		力学性能					用途
	C	Mn	Si	Cr	V	其他	淬火	回火	σ_b/MPa	σ/MPa	δ/%	ψ/%	a_k/(kJ/m²)	
60	0.62~0.70	0.50~0.80	0.17~0.37	≤0.25			840 油	480	1000	800	9	35		截面<12~15mm 的小弹簧
65	0.62~0.70	0.50~0.80	0.17~0.37	≤0.25			840 油	480	1000	800	9	35		
70	0.62~0.70	0.50~0.80	0.17~0.37	≤0.25			830 油	480	1050	850	8	30		
75	0.72~0.80	0.50~0.80	0.17~0.37	≤0.25			820 油	480	1100	900	7	35		
85	0.82~0.90	0.50~0.80	0.17~0.37	≤0.25			820 油	480	1150	1000	6	35		
65Mn	0.62~0.70	0.90~1.20	0.17~0.37	≤0.25			830 油	480	1000	800	8	30		截面<25mm 的各种弹簧,例如板弹簧、机车厢板弹簧、缓冲器弹簧
50Si2Mn	0.47~0.55	0.60~0.90	1.50~2.00	≤0.30			870 油,水	460	1200~1300	1100~1200	6	30		
60Si2Mn	0.57~0.65	0.60~0.90	1.50~2.00	≤0.30			870 油	460	1300	1200	6	30	30	
70Si3MnA	0.66~0.74	0.60~0.90	2.40~2.80	≤0.30			860 油	420	1800	1600	5	25	25	
55SiMn	0.52~0.60	0.60~0.90	0.50~0.80	≤0.25			820 油	480	1000	800	8	30	20	
60MnSi	0.55~0.65	0.80~1.00	1.30~1.80	≤0.30			860 油	460	1300	1200	5	25	25	
60Si2CrA	0.56~0.64	0.40~0.64	1.40~1.80	0.70~1.00			870 油	420	1800	1600	5	25	25	截面<50mm 的重要弹簧,例如汽车用圆弹簧和板弹簧 低于350℃使用的的耐热弹簧
60Si2CrVA	0.56~0.64	0.40~0.64	1.40~1.80	0.90~1.20	0.10~0.20		850 油	600	1900	1600	5	20	30	
50CrVA	0.46~0.54	0.50~0.80	0.17~0.37	0.80~1.10	0.10~0.20		850 油	520	1300	1100	10	45	30	
50CrMnA	0.46~0.54	0.80~1.00	0.17~0.37	0.95~1.20			840 油	490	1300	1200	6	35		
50CrMnVA	0.48~0.55	0.50~0.80	0.17~0.37	0.95~1.20	0.15~0.25		850 油	520	1300	1200	6	35	35	
65Si2MnWA	0.61~0.69	0.70~1.00	1.50~2.00	≤0.30		W0.80~1.20	850 油	420	1900	1700	5	20	30	
55SiMnMoVNb	0.52~0.60	1.00~1.30	0.40~0.70	0.25	0.08~0.15	Mo0.30~0.40 Nb0.01~0.03	880 油	530	≥1400	≥1300	≥7	≥35	≥30	制造较大截面的板弹簧和螺旋弹簧
60Si2MnBRE	0.56~0.64	0.60~0.90	1.60~2.00	≤0.25		B0.001~0.005 RE0.15~0.20	870 油	460±25	≥1600	≥1400	≥5	≥20		

a. 高的接触疲劳强度和屈服强度；

b. 高的硬度和耐磨性，硬度一般为 62～65HRC；

c. 足够的韧性和淬透性；

d. 一定的耐蚀性和良好的尺寸稳定性。

② 成分特点

a. 高碳　为了保证轴承钢的高强度、高硬度和耐磨性，碳质量分数一般为 0.95%～1.15%。

b. 合金元素　主加合金元素 Cr，以增加钢的淬透性，铬还会进入渗碳体形成合金渗碳体，提高耐磨性。此外铬还有提高耐蚀性的作用。当 Cr 含量过高会增加残余奥氏体量和碳化物的不均匀性，降低钢的硬度和韧性。Cr 适宜的质量分数为 0.40%～1.65%。大型轴承加入 Si、Mn、V 可进一步提高淬透性。

轴承钢钢中的非金属夹杂物会降低接触疲劳强度，通常要求 $w_S < 0.03\%$，$w_P \leqslant 0.025\%$。

③ 热处理特点　滚动轴承钢的预备热处理为球化退火，最终热处理为淬火加低温回火。

a. 球化退火　球化退火的目的是降低钢的硬度，便于切削加工，为最终热处理作组织准备。退火组织为球状珠光体，硬度为 207～229HBS。

b. 淬火加低温回火　对 GCr15 钢，淬火加热温度为 820～840℃，在油中淬火，并在淬火后立即进行低温回火，回火温度一般为 150～170℃。使用状态下组织为回火马氏体＋颗粒状碳化物＋少量残余奥氏体，硬度为 62～65HRC。

对精密轴承或量具，为减少残余奥氏体量，稳定尺寸，淬火后立即进行冷处理（-80～-60℃），并在磨削加工后进行低温时效处理（120～130℃，保温 10～15h）。

④ 钢种及牌号

a. 铬轴承钢　典型代表是 GCr15，使用量占轴承钢的绝大部分。由于淬透性不是很高，因此多用于制造中小型轴承。也可制作冷冲模具、精密量具和机床丝杆等。

b. 添加 Mn、Si、Mo、V 的轴承钢　在铬轴承钢中加入 Mn、Si 以提高淬透性，如 GCr15SiMn 钢等，主要用于制造大型轴承；为了节约 Cr，可以加入 Mo、V，得到无铬轴承钢，如 GSiMnMoV、GSiMnMoVRE 钢等，其性能与 GCr15 相近。

常用滚动轴承钢的牌号、化学成分、热处理及用途见表 4-8。

表 4-8　滚动轴承钢的牌号、化学成分、热处理及用途

牌　号	化学成分/%					热处理规范			主要用途
	C	Cr	Si	Mn	其他元素	淬火/℃	回火/℃	HRC	
GCr6	1.05～1.15	0.40～0.70	0.15～0.35	0.20～0.40		800～820	150～170	62～66	<10mm 的滚珠、滚柱和滚针
GCr9	1.0～1.10	0.9～1.12	0.15～0.35	0.20～0.40		800～820	150～160	62～66	20mm 以内的各种滚动轴承
GCr9SiMn	1.0～1.10	0.9～1.2	0.40～0.70	0.90～1.20		810～830	150～200	61～65	壁厚<14mm、外径<250mm 的轴承套；25～50mm 的钢球；直径 25mm 左右的滚柱等

牌 号	化学成分/%					热处理规范			主要用途
	C	Cr	Si	Mn	其他元素	淬火/℃	回火/℃	HRC	
GCr15	0.95~1.05	1.30~1.65	0.15~0.35	0.20~0.40		820~840	150~160	62~66	与 GCr9SiMn 相同
GCr15SiMn	0.95~1.05	1.30~1.65	0.40~0.65	0.90~1.20		820~840	170~200	≥62	壁厚≥14mm、外径 250mm 的套圈;直径 20~200mm 的钢球。其他同 GCr15
GMnMoVRE	0.95~1.05		0.15~0.40	1.10~1.40	V 0.15~0.25 Mo 0.4~0.6 RE 0.05~0.10	770~810	170±5	≥62	代替 GCr15 用于军工和民用轴承
GSiMnMo	0.95~1.10		0.45~0.65	0.75~1.05	V 0.2~0.3 Mo 0.2~0.4	780~820	175~200	≥62	与 GMnMoVRE 相同

4.2.3 合金工具钢

在碳素工具钢中加入 Si、Mn、Ni、Cr、W、Mo、V 等合金元素的钢称为合金工具钢。与碳素工具钢相比,合金工具钢的硬度和耐磨性更高,而且还具有更好的淬透性、红硬性和回火稳定性。因此常原来制作截面尺寸较大、形状复杂、性能要求更高的工具。

合金工具钢按用途可分为合金刃具钢、合金模具钢和合金量具钢。刃具是用于对材料进行切削加工的工具;模具是用于对材料进行成形加工的工具;量具是用于测量和检验零件尺寸精度的工具。

(1) 合金刃具钢

合金刃具钢主要用来制造刀具,如车刀、铣刀、钻头、丝锥等。

① 性能要求 刃具在切削加工过程中与被加工工件的表面金属相互作用,使切屑产生变形与断裂,并从工件上剥离下来。故刃具本身将承受弯曲、扭转、剪切应力和冲击、振动等负荷,同时还要受到工件和切屑的强烈摩擦作用,使刃具的温度上升,有时刃具温度可高达 600℃。由此,刃具钢应具有如下使用性能。

a. 高硬度,以保证刀刃能进入工件并防止卷刃。硬度一般应在 60HRC 以上,加工软材料时可为 45~55HRC。

b. 足够的耐磨性,保证刀具的使用寿命。

c. 足够的塑性和韧性,以防止使用过程中崩刃或折断。

d. 高的红硬性。钢的红硬性是指钢在受热的条件下,仍能保持足够高的硬度和切削能力,这种性能也称为钢的热硬性。

② 低合金刃具钢

a. 成分特点

ⓐ 高碳 碳质量分数一般为 0.75%~1.5%,以保证高的硬度和高的耐磨性。

ⓑ 合金元素 主要元素为 Cr、Mn、Si、W、V 等。提高淬透性和回火稳定性,可减

小变形和开裂倾向，强碳化物形成元素能细化晶粒，提高耐磨性。

由于低合金刃具钢中合金元素的加入量不大，故钢的热硬性仍不太高，一般工作温度不得高于300℃。

b. **热处理特点** 低合金工具钢毛坯锻造后的预备热处理采用球化退火，目的是改善锻造组织和切削加工性能。切削加工后的最终热处理采用淬火＋低温回火。组织为细回火马氏体＋粒状合金碳化物＋少量的残余奥氏体，硬度可达60～65HRC。

c. **钢种及牌号** 常用低合金刃具钢的牌号、化学成分、热处理及用途见表4-9。典型钢种9SiCr，油淬临界直径可达40～50mm，回火稳定性较高，适宜于制造形状复杂、变形小的刃具，特别是薄刃刃具，如板牙、丝锥、钻头等。也可以用于制造冷冲模。

表4-9 常用低合金刃具钢的牌号、化学成分、热处理及用途

牌号	化学成分/%					热处理					主要特性	应用举例
						淬火			回火			
	C	Mn	Si	Cr	W	淬火加热温度/℃	冷却介质	硬度(HRC)	回火温度/℃	硬度(HRC)		
9SiCr	0.85～0.95	0.30～0.60	1.20～1.60	0.95～1.25	—	820～860	油	≥62	180～200	60～62	淬透性比铬钢好，热处理变形较小，加热时脱碳倾向较大	用于制造形状复杂，要求变形小，而耐磨性较高，切削速度不高的刃具，如板牙、丝锥、绞刀、拉刀等，也可用作冷冲模、冷轧辊等工件
8MnSi	0.75～0.85	0.80～1.10	0.30～0.60		—	800～820	油	≥60	—	—	淬透性与耐磨性比T8钢好	各种木工工具，如凿子、锯条等
Cr06	1.30～1.45	≤0.40	≤0.40	0.50～0.70	—	780～810	水	≥64	160～180	62～64	淬火后硬度及耐磨性均较好，但较脆，淬透性低	一般经冷轧成薄钢带后，制作剃刀、刮胡刀片、雕刻刀、羊毛剪刀等
Cr2	0.95～1.10	≤0.40	≤0.40	1.30～1.65	—	830～860	油	≥62	150～170	60～62	成分与GCr15相当，硬度、耐磨性、淬透性等比碳素工具钢高	用作低速、走刀量小、加工材料不很硬的切削刀具，如车刀、插刀等，也可用于制造拉丝模、冷锻模工具以及量具如样板、量规等
9Cr2	0.80～0.95	≤0.40	≤0.40	1.30～1.70	—	820～850	油	≥62	—	—	与Cr2相似	主要用来制作冷作模具，如冲头、凹模，木工工具，冷轧辊等
W	1.05～1.25	≤0.40	≤0.40	0.10～0.30	1.80～1.20	800～830	水	≥62	150～180	59～61	硬度和耐磨性高，热处理时过热敏感性小，淬火裂纹和变形倾向小，但淬透性较低	尺寸较小的工具，如小规格钻头、丝锥、板牙、手用绞刀、锯条、造币用冲模，剪子、凿子、风镐等

③ **高速钢** 高速钢是含有大量合金元素的钢。用高速钢制作的刃具在使用时，能以

比低合金刃具钢刀具更高的切削速度进行切削，因而被称为高速钢。它的特点是热硬性高达 600℃，切削时能长时间保持刃口锋利，故又称为"锋钢"，并且还具有高的强度、硬度和淬透性。淬火时在空气中冷却即可得马氏体组织，故又俗称为"风钢"。

a. 成分特点

ⓐ 高碳　碳质量分数为 $0.7\%\sim1.65\%$，一方面保证能与 W、Mo、Cr、V 等元素形成大量的合金碳化物；另一方面保证淬火后获得高碳马氏体，以提高硬度和耐磨性。

ⓑ 合金元素　加入的合金元素主要有 W、Mo、Cr、V 等。W 主要是提高热硬性；可阻止奥氏体晶粒长大，改善钢的韧性；提高马氏体的回火稳定性；在 560℃ 回火时析出 W_2C，产生弥散强化。Mo 同 W 一样，主要是提高热硬性；钨和钼同族，可相互取，1% Mo 可代替 $2\%W$。Cr 主要提高钢的淬透性；同时，可提高钢的耐蚀性和抗氧化能力，改善切削能力。V 与碳的亲和力极强，能形成稳定性很高的 VC，主要提高钢的耐磨性和对提高钢的热硬性起重要作用；同时能阻止奥氏体晶粒长大，细化晶粒。

b. 加工及热处理特点

ⓐ 锻造

高速钢中因加入大量合金元素，使相图中 E 点左移，铸造组织中出现莱氏体组织，属于莱氏体钢。铸态组织中含有大量的鱼骨状共晶碳化物，分布很不均匀，显著降低了钢的韧性。如图 4-5 所示。用热处理方法不能根本改变碳化物的分布状态，只能用反复锻造的方法将碳化物打碎，并使其尽可能均匀分布。高速钢的塑性、导热性较差，锻后必须缓冷，以免开裂。

ⓑ 热处理

高速钢的热处理包括退火、淬火和回火，其特点是退火温度低，淬火温度高，回火温度高且次数多。

退火：为了消除坯料在锻造时产生的内应力，降低硬度，细化晶粒，为切削加工和淬火作准备，高速钢在锻后必须及时进行球化退火。退火温度为 $A_{cL}+(30\sim50)℃$（860～880℃），退火后的组织为索氏体和粒状合金碳化物（见图 4-6），硬度为 207～255HBS。为了缩短退火时间，生产中常采用等温球化退火。

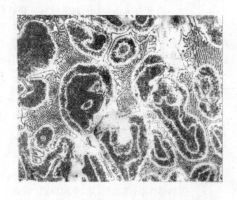

图 4-5　W18Cr4V 高速钢的铸态组织

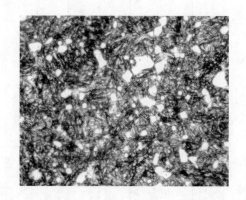

图 4-6　W18Cr4V 高速钢退火后的组织

淬火：高速钢的淬火加热温度很高（1200～1300℃），目的是为了使碳化物尽可能多地溶入奥氏体，从而提高淬透性、回火稳定性和热硬性。由于高速钢的导热性较差，故淬火加热时必须进行一至二次预热。如图 4-7 所示。

高速钢淬火后的组织是隐晶马氏体、粒状碳化物及 25％左右的残余奥氏体，如图 4-8 所示。

回火：高速钢淬火后应立即回火，一般在 550～570℃回火三次。在此温度范围内回火时，钨、钼、钒的碳化物从马氏体和残余奥氏体中析出，呈弥散分布，使钢的硬度明显上升，形成二次硬化；同时由于残余奥氏体转变成马氏体，也使硬度上升，从而形成二次淬火，保证了钢的高硬度、高耐磨性及热硬性。进行多次回火，其目的是为了逐步减少残余奥氏体的量和消除内应力。高速钢回火后的组织为回火马氏体、粒状碳化物和少量（体积分数为 1％～2％）残余奥氏体，如图 4-9 所示，硬度可达 63～66HRC。

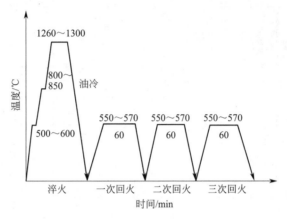

图 4-7　W18Cr4V 钢的淬火、回火工艺曲线

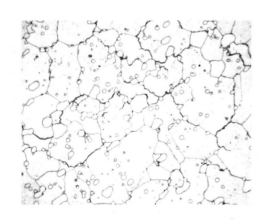

图 4-8　W18Cr4V 高速钢 1280℃淬火后的组织

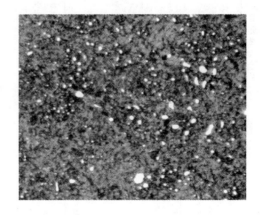

图 4-9　W18Cr4V 高速钢淬火，
三次回火后的组织

c. 钢种及牌号　高速钢的种类很多，其中最重要的有两种：一种是钨系的 W18Cr4V；另一种是钨-钼系的 W6Mo5Cr4V2。两种钢的组织性能相似，但 W18Cr4V 钢的红硬性较好，而 W6Mo5Cr4V2 钢的耐磨性、高温塑性和韧性较好。主要用于制造高速切削的刀具，如车刀、刨刀、铣刀、钻头等。

常用高速钢的牌号、化学成分、热处理及用途见表 4-10。

表 4-10 常用高速钢的牌号、化学成分、热处理及用途

牌号	化学成分① (质量分数)/%								交货硬度 (退火态)(HBW)	热处理制度②淬火温度/℃		回火温度/℃	硬度(HRC)	用途举例
	C	Mn	Si	Cr	V	W	Mo	Cu		盐浴炉	箱式炉			
W3Mo3Cr4V2	0.95~1.03	≤0.40	≤0.45	3.80~4.50	2.20~2.50	2.70~3.00	2.50~2.90	—	≥255	1180~1200	1180~1200	540~560	≥63	金属锯、麻花钻、铣刀、拉刀、刨刀等
W4Mo3Cr4VSi	0.83~0.93	0.20~0.40	0.70~1.00	3.80~4.40	1.20~1.80	3.50~4.50	2.50~3.50	—	≥255	1170~1190	1170~1190	540~560	≥63	机用锯条、钻头、木工刨刀、机械刀片、立铣刀等
W18Cr4V	0.73~0.83	0.10~0.40	0.20~0.40	3.80~4.50	1.00~1.20	17.20~18.70	—	—	≥255	1250~1270	1260~1280	550~570	≥63	600℃以下高速刀具，如车刀、钻头、铣刀等
W2Mo8Cr4V	0.77~0.87	≤0.40	≤0.70	3.50~4.50	1.00~1.40	1.40~2.00	8.00~9.00	—	≥255	1180~1200	1180~1200	550~570	≥63	麻花钻、丝锥、铣刀、铰刀、拉刀、锯片等
W2Mo9Cr4V2	0.95~1.05	0.15~0.40	≤0.70	3.50~4.50	1.75~2.20	1.50~2.10	8.20~9.20	—	≥255	1190~1210	1200~1220	540~560	≥64	丝锥、板牙等制作工具，钻头、冷冲模具等
W6Mo5Cr4V2	0.80~0.90	0.15~0.40	0.20~0.45	3.80~4.40	1.75~2.20	5.50~6.75	4.50~5.50	—	≥255	1200~1220	1210~1230	540~560	≥64	承受冲击力较大的刀具，如插齿刀、钻头等
CW6Mo5Cr4V2	0.86~0.94	0.15~0.40	0.20~0.45	3.80~4.50	1.75~2.10	5.90~6.70	4.70~5.20	—	≥255	1190~1210	1200~1220	540~560	≥64	切削性能要求较高的刀具，如拉刀、铰刀等
W6Mo6Cr4V2	1.00~1.10	≤0.40	≤0.45	3.80~4.50	2.30~2.60	5.90~6.70	5.50~6.50	—	≥262	1190~1210	1190~1210	540~560	≥64	成形刀具、铲形钻头、铣刀、拉刀等
W9Mo3Cr4V	0.77~0.87	0.20~0.40	0.20~0.40	3.80~4.40	1.30~1.70	8.50~9.50	2.70~3.30	—	≥255	1200~1220	1220~1240	540~560	≥64	适用性强，制造各种切削刀具和冷、热模具
W6Mo5Cr4V3	1.15~1.25	0.15~0.40	0.20~0.45	3.80~4.50	2.70~3.20	5.90~6.70	4.70~5.20	—	≥262	1190~1210	1200~1220	540~560	≥64	制作一般刀具及要求特别耐磨的工具，如拉刀、刨刀、滚刀、螺纹梳刀等
CW6Mo5Cr4V3	1.25~1.32	0.15~0.40	≤0.70	3.75~4.50	2.70~3.20	5.90~6.70	4.70~5.20	—	≥262	1180~1200	1190~1210	540~560	≥64	车刀、刨刀、丝锥、钻头等

案例1：9SiCr 钢制造丝锥。球化退火后加工成形，860~880℃加热油淬，180~200℃回火。组织为回火马氏体＋碳化物＋少量残余奥氏体。硬度为 60~62HRC。

案例2：W18Cr4V 钢制造盘形铣刀。1260~1280℃加热淬火，550~570℃三次回火。硬度为 63~65HRC。硬度高，红硬性好。

（2）合金模具钢

合金模具钢是用来制造各种模具的一类钢。模具是使金属材料或非金属材料成形的工具，其工作条件及性能要求与被成形材料的性能、温度及状态等有着密却的关系。按使用条件不用分为冷作模具钢、热作模具钢和塑料模具钢。下面主要介绍冷作模具钢和热作模具钢。

① 冷作模具钢（用途、性能要求、成分特点、钢种及牌号、热处理特点、实例）　冷作模具钢用于制造在常温状态下使工件成形的模具，如冷冲模、冷挤压模、冷镦模、拉丝模等。

a. 性能要求　冷作模具在工作中要承受很大的压力、弯曲力、冲击力和强烈的摩擦，其主要损坏形式是磨损，也常出现断裂、崩刃和变形等失效形式。因此，冷作模具钢的性能要求与刃具钢相似，要求具有高的硬度（58~62HRC）和耐磨性，足够的强度和韧性，同时要求热处理变形小。

b. 成分特点

ⓐ 高碳　碳质量分数多在 1.0% 以上，个别甚至达到 2.0%，以保证高的硬度和耐磨性。

ⓑ 加入合金元素 Cr、Mo、W、V 等，提高淬透性、耐磨性和回火稳定性。

c. 常用钢种及热处理特点　常用冷作模具钢的牌号、化学成分、热处理及用途见表 4-11。

表 4-11　常用冷作模具钢的牌号、化学成分、热处理及用途

牌　号	化学成分 w/%							交货状态（退火）(HBW)	热处理		应　用
	C	Si	Mn	Cr	其他	P	S		淬火温度/℃	HRC ≥	
						≤					
CrWMn	0.90~1.05	≤0.40	0.80~1.10	0.90~1.20	W: 1.20~1.60	0.03	0.03	207~255	800~830 油	62	制作淬火要求变形很小、长而形状复杂的切削刀具，如拉刀、长丝锥及形状复杂、高精度的冷冲模等
Cr12	2.00~2.30	≤0.40	≤0.40	11.50~13.00		0.03	0.03	217~269	950~1000 油	60	制作耐磨性高、不受冲击、尺寸较大的模具，如冷冲模、冲头、钻套、量规、螺纹滚丝模、拉丝模、冷切剪刀等
Cr12MoV	1.45~1.70	≤0.40	≤0.40	11.0~12.50	Mo: 0.40~0.60; V: 0.15~0.30	0.03	0.03	207~255	950~1000 油	58	制作截面较大、形状复杂、工作条件繁重的各种冷作模具及螺纹搓丝板、量具等

牌 号	化学成分 $w/\%$					P	S	交货状态(退火)(HBW)	热处理		应 用
	C	Si	Mn	Cr	其他	$\leqslant$		$\leqslant$	淬火温度/℃	HRC $\geqslant$	
Cr4W2MoV	1.12~1.25	0.40~0.70	≤0.40	3.50~4.00	W:1.20~1.60;Mo:0.80~1.20;V:0.80~1.10	0.03	0.03	≤269	960~980 油	60	可代替 Cr12MoV 钢、Cr12 钢,制作冷冲模、冷挤压模、搓丝板等
W6Mo5Cr4V	0.55~0.6	≤0.40	≤0.60	3.70~4.30	Mo:4.50~5.50;V:0.70~1.10	0.03	0.03	≤269	1180~1200 油	60	制作冲头、冷作凹模等

　　ⓐ 小型冷作模具钢　对于尺寸较小、形状简单、工作负荷不太大的冷作模具,可用碳素工具钢和低合金刃具钢制造。如 T10A、9SiCr、CrWMn、9Mn2V 等。其热处理一般是球化退火、淬火和低温回火。

　　ⓑ 大型冷作模具钢　对于截面大、形状复杂、负荷大的冷冲模、挤压模等,常用高碳高铬钢。典型牌号有 Cr12 和 Cr12MoV 等,其中 Cr12MoV 钢应用更多。

　　Cr12MoV 钢与高速钢相似,也属于莱氏体钢。其淬火回火工艺有两种。

　　一次硬化法:980~1030℃加热淬火,180~200℃回火。硬度为 61~64HRC。这种方法可使模具获得高硬度和高耐磨性,淬火变形小。一般承受较大载荷和形状复杂的模具采用此法处理。

　　二次硬化法:1050~1100℃加热淬火,500~520℃多次回火。硬度为 60~62HRC,红硬性和耐磨性都较高。一般承受强烈摩擦,在 400~450℃条件下工作的模具适用此法。

　　案例 1:CrWMn 钢制落料凹模。锻造、球化退火后加工成形。500~520℃预热,810~830℃加热油淬,180~200℃回火。组织为回火马氏体+碳化物+少量残余奥氏体。硬度为 60~62HRC。

　　案例 2:Cr12MoV 钢制汽车覆盖件模具。锻造、球化退火后加工成形。300~500℃第一次预热,840~860℃第二次预热;1020~1040℃淬火加热,油冷,180~200℃回火。硬度为 60~63HRC。

　　② 热作模具钢(用途、性能要求、成分特点、钢种及牌号、热处理特点、实例)　热作模具钢用于制造对受热状态下的金属进行变形加工的模具,如热锻模、热挤压模、压铸模等。

　　a. 性能要求　热作模具在工作中除承受较大的冲击载荷、很大的压力、弯曲力外,还受到炽热金属在模腔中流动所产生的强烈摩擦力,同时还受到反复的加热和冷却。因此,要求热作模具钢主要性能要求为:高的热硬性和高温耐磨性;良好的综合力学性能;

高的热疲劳强度和较好的抗氧化能力；同时还要求具有高的淬透性、导热性。

b. 成分特点

ⓐ 中碳　碳质量分数一般为 $0.3\%\sim0.6\%$，以保证足够的强度和硬度以及较高的韧性和热疲劳抗力。

ⓑ 加入合金元素 Cr、Ni、Mn、Mo、W、V 等。Cr、Ni、Mn 等合金元素，可提高淬透性和强度；加入 Cr、W、V 等合金元素可提高耐热疲劳性；Mo 可提高回火稳定性和防止第二类回火脆性。

c. 热处理特点　热作模具钢锻造后的预备热处理为退火，目的是消除锻造应力，降低硬度，改善切削加工性能。

热锻模具钢的最终热处理与调质钢相似，淬火后高温（550℃左右）回火，以获得回火索氏体-回火屈氏体组织。

热压模具钢的热处理是淬火后在略高于二次硬化峰值的温度（600℃左右）回火 2～3 次，获得的组织为回火马氏体和粒状碳化物，以保证模具的热硬性。

d. 钢种及牌号　常用热作模具钢的牌号、化学成分、热处理及用途见表4-12。

表 4-12　常用热作模具钢的牌号、化学成分、热处理及用途

牌号	化学成分 $w/\%$							交货状态（退火）（HBW）	淬火温度/℃	应用
	C	Si	Mn	Cr	其他	P	S			
						不大于				
5CrMnMo	0.50～0.60	0.25～0.60	1.20～1.60	0.60～0.90	Mo：0.15～0.30	0.03	0.03	197～241	820～850 油	制作中小型热锻模（边长≤300～400mm）
5CrNiMo	0.50～0.60	≤0.40	0.50～0.80	0.50～0.80	Mo：0.15～0.30	0.03	0.03	197～241	830～860 油	制作形状复杂、冲击载荷大的各种大、中型热锻模（边长＞400mm）
3Cr2W8V	0.30～0.40	≤0.40	≤0.40	2.20～2.79	W：7.50～9.00；V：0.20～0.50	0.03	0.03	270～255	1075～1125 油	制作压铸模，平锻机上的凸模和凹模、镶块，铜合金挤压模等
4Cr5W2VSi	0.32～0.42	0.08～1.20	≤0.40	4.50～5.50	W：1.60～2.40；V：0.60～1.00	0.03	0.03	≤229	1030～1050 油或空	可用于高速锤用模具与冲头，热挤压用模具及芯棒，有色金属压铸模等
4Cr5MoSiV	0.33～0.43	0.08～1.20	0.20～0.50	4.75～5.50	Mo：1.10～1.60；V：0.30～0.60	0.03	0.03	≤235	790℃预热，1100℃盐浴或1010℃（炉控气氛）加热，保温5～15min空冷550℃回火	使用性能和寿命高于3Cr2W8V钢。用于制作铝合金压铸模、热挤压模、锻模和耐500℃以下的飞机、火箭零件等

牌号	化学成分 $w/\%$							交货状态（退火）HBW	淬火温度/℃	应　用
	C	Si	Mn	Cr	其他	P	S			
						不大于				
5Cr4W5Mo2V	0.32～0.42	0.08～1.20	≤0.40	4.50～5.50	Mo：1.50～2.10 V：0.70～1.10	0.03	0.03	≤269	1100～1150 油	热挤压模、精密锻造模具钢。常用于制造中、小型精锻模，或代替 3Cr2W8V 钢制作热挤压模具

热锻模具钢对韧性要求高而红硬性要求不太高，典型钢种有 5CrNiMo、5CrMnMo。大型热压模和压铸模采用碳质量分数较低、合金元素更多而热强性更好的模具钢，如 4Cr5MoSiV1（相当于美国牌号 H13）、3Cr2W8V 等。其中 4Cr5MoSiV1 钢具有较高的热强性和硬度、高的耐磨性和韧性，广泛应用于锻模、热挤压模以及铝合金压铸模。

案例：5CrNiMo 钢制作汽车连杆锻模。为减少大型模具的淬火变形，可加热到 840～860℃，出炉空冷到 780℃左右油淬，200℃出油。480～510℃回火。硬度为 39～44HRC。

（3）合金量具钢

量具钢是用于制造各种测量工具，如卡尺、千分尺、块规、塞规等。

① 性能要求　量具使用时常与被测工件接触，易于磨损而发生尺寸改变，对其性能的主要要求如下。

a. 高硬度（58～64HRC）和耐磨性。

b. 组织稳定，尺寸精度高。热处理变形小，在使用和存放过程中不发生变化。

c. 良好的磨削加工性和耐蚀性。

② 常用钢种及热处理

根据量具的种类及精度要求，量具可选用不同的钢种。

a. 形状简单、精度要求不高的量具。可选用碳素工具钢。如 T10A、T11A、T12A。由于碳素工具钢的淬透性低，尺寸大的量具采用水淬会引起较大的变形。因此。这类钢只能制造尺寸小、形状简单、精度要求较低的卡尺、样板、量规等量具。

b. 精度要求较高的量具（如块规、塞规）通常选用高碳低合金工具钢。如 Cr2、CrMn、CrWMn 及轴承钢 GCr15 等。由于这类钢是在高碳钢中加入 Cr、Mn、W 等合金元素，故可以提高淬透性、减少淬火变形、提高钢的耐磨性和尺寸稳定性。

c. 对于形状简单、精度不高、使用中易受冲击的量具，如简单平样板、卡规、直尺及大型量具，可采用渗碳钢 15、20、15Cr、20Cr 等。但量具须经渗碳、淬火及低温回火后使用。其表面具有高硬度、高耐磨性、心部保持足够的韧性。也可采用中碳钢 50、55、60、65 制造量具。但须经调质处理，再经高频淬火回火后使用。亦可保证量具的精度。

d. 在腐蚀条件下工作的量具可选用不锈钢 40Cr13、95Cr18 制造。经淬火、回火处理后可使其硬度达 56～58HRC，同时可保证量具具有良好的耐腐蚀性和足够的耐磨性。

量具热处理重要的是保证尺寸稳定性。精度要求较高的量具，淬火后要进行冷处理（−80～−70℃），使残余奥氏体继续转变为马氏体，然后在150～160℃低温回火。精度要求特别高的量具在低温回火后须在120～130℃进行几小时至几十小时的时效处理。精磨后产生的内应力，再通过120～130℃保温8h的第二次时效予以消除。

4.2.4 特殊性能钢

特殊性能钢是指具有特殊的物理性能和化学性能，并可在特殊环境下工作的钢。主要使用的特殊性能钢有不锈钢、耐热钢和耐磨钢等。

(1) 不锈钢

不锈钢是指在空气、水、盐水溶液、酸及其他腐蚀性介质中具有高度化学稳定性的钢。在大气和弱腐蚀介质有一定抗蚀能力的钢称为不锈钢，而在各种强腐蚀介质（如酸类）中耐腐蚀的钢称为耐酸钢。不锈钢不一定耐酸，而耐酸钢一般都具有良好的耐蚀性能。通常统称为不锈钢。

① 金属的腐蚀　金属与周围介质发生化学或电化学作用而引起的破坏，称为金属的腐蚀。腐蚀通常分为化学腐蚀和电化学腐蚀。化学腐蚀是金属与介质发生纯化学反应而破坏的过程，腐蚀过程中不产生电流，例如钢在高温下的氧化以及在干燥空气、石油、燃气中的腐蚀等。电化学腐蚀是金属与电解质溶液发生电化学而破坏的过程，腐蚀过程中有电流产生，例如钢在酸、碱、盐等介质中的腐蚀。大部分金属的腐蚀属于电化学腐蚀。

在电化学腐蚀过程中，因金属与电解质溶液接触，形成原电池或微电池，发生电化学作用而引起腐蚀。金属中不同组织、成分、应力区域之间都可构成原电池。因此，为了提高金属的耐腐蚀能力，可以采用以下三种方法。

a. 使金属具有均匀化学成分的单相组织，避免形成原电池。

b. 减小两极之间的电极电位差，提高阳极的电极电位。

c. 使金属的表面形成致密的氧化膜保护层（即钝化膜），将金属与腐蚀介质隔离。

② 用途及性能要求　不锈钢在石油、化工、原子能、航天、海洋开发、国防工业以及日常生活中得到广泛应用。主要用来制造在各种腐蚀介质中工作的零件和结构。

对不锈钢的性能要求最主要的是耐蚀性。此外，制作工具的不锈钢还要求高硬度、高耐磨性；制作重要结构零件时，要求高强度；某些不锈钢则要求有较好的加工性能，等等。

③ 成分特点

a. 碳质量分数　不锈钢的碳质量分数在0.03%～0.95%范围内。耐蚀性要求越高，碳质量分数应越低。大多数不锈钢的碳质量分数为0.1%～0.2%。对于制造刀具和滚动轴承的不锈钢，可提高碳质量分数（可达0.85%～0.95%），但必须相应地提高铬质量分数。

b. 合金元素　其主加元素为Cr、Ni，辅加元素为Ti、Mo、Nb、Cu、Mn、N等。Cr能生成致密的氧化膜、提高钢基体的电极电位，使钢的耐蚀性大大提高。不锈钢中的含铬量都在 13% 以上。Ni 可获得单相奥氏体组织，显著提高耐蚀性；Mo、Cu 等元素，可提高钢非氧化性酸（如盐酸、稀硫酸和碱溶液等）中的耐蚀能力。Ti、Nb 能优先于碳形成稳定碳化物，使 Cr 保留在基体中，避免晶界贫铬，从而减轻钢的晶界腐蚀倾向。Mn、N 可部分代 Ni 以获得奥氏体组织，并能提高铬不锈钢在有机酸中的耐蚀性。

④ 常用不锈钢　目前应用的不锈钢，按组织状态主要分为马氏体型不锈钢、铁素体型不锈钢、奥氏体型不锈钢三大类。常用不锈钢的牌号、化学成分、热处理、性能及用途见表 4-13。

a. 马氏体不锈钢　这类钢碳质量分数为 0.10%～1.0%，淬火后得到马氏体。这类钢经淬火、回火后才能使用。马氏体不锈钢的耐蚀性、塑性和焊接性能都不如奥氏体不锈钢和铁素体不锈钢，但它有较好的力学性能，并有一定的耐蚀性，故应用广泛。12Cr13、20Cr13 等，碳含量较低，用于制造力学性能要求较高且要求具有一定耐蚀性的零件，如汽轮机叶片等。热处理为调质处理，使用状态下组织为回火索氏体。30Cr13、40Cr13、95Cr18 等碳含量较高，用于制作医用手术器具、量具及轴承等耐磨工件。热处理为淬火＋低温回火，使用状态下组织为回火马氏体。

b. 铁素体型不锈钢　这类钢碳质量分数<0.15%，含铬量为 17%～30%，可获得单相铁素体组织，即使将钢从室温加热到高温（900～1100℃），其组织也不会发生显著变化。它具有良好的高温抗氧化性，但力学性能不如马氏体不锈钢，塑性不如奥氏体不锈钢，故多用于受力不大的耐酸结构件和作为抗氧化钢使用，如各种家用化工设备、容器、管道和建筑装饰等。常用的铁素体不锈钢有 10Cr17、022Cr30Mo2 等。

c. 奥氏体不锈钢　它是应用范围最广的不锈钢，其碳质量分数很低（≤0.15%），平均 $w_{Cr}=18\%$，$w_{Ni}=8\%$～11%，属于铬镍不锈钢，通常称为 18-8 型不锈钢。常用的奥氏体不锈钢有 12Cr18Ni9、06Cr18Ni9N 等。

这类不锈钢碳含量很低，由于镍的加入，采用固溶处理（将钢加热到 1050～1150℃，然后水冷）可获得单相奥氏体，具有很高耐蚀性和耐热性。耐蚀性高于马氏体不锈钢。另外，它无磁性，可用于制造抗磁零件。因此，奥氏体不锈钢广泛应用于在强腐蚀介质中工作的设备零件、输送管道、化工仪表、抗磁仪表等。

(2) 耐热钢

耐热钢是指在高温下具有良好的热化学稳定性和较高的强度，能较好适应高温条件的特殊性能钢。常用于制造锅炉、汽轮机、动力机械、工业炉和航空、石油化工等工业部门中在高温下工作的零部件。

① 性能要求　钢的耐热性包括高温抗氧化性和热强性两个方面。

a. 高温抗氧化性　金属的高温抗氧化性是指金属在高温下对氧化作用的抗力，是零件在高温下持久工作的基础。金属的高温抗氧化性，主要取决于金属在高温下与氧接触时，表面形成的氧化膜的致密程度。一般碳钢在高温下很容易氧化，这主要是由于在高温下钢的表面生成疏松多孔的氧化亚铁（FeO），容易剥落，而且氧原子不断地通过 FeO 扩散，使钢继续氧化。提高钢的抗氧化性，主要途径是改善氧化膜的结构，增加致密度。最有效的方法是加入 Cr、Si、Al 等元素，形成致密的高熔点的 Cr_2O_3、SiO_2、Al_2O_3 等氧化膜。

表 4-13 常用不锈钢的牌号、化学成分、热处理、性能及用途（摘自 GB/T 1220—2007）

类型	新牌号（旧牌号）	统一数字代号	主要化学成分（质量分数）/%				热处理/℃、冷却剂	力学性能≥				硬度（HBW, HRC）	用途举例
			C	Ni	Cr	其他		$R_{p0.2}$/MPa	R_m/MPa	A/%	Z/%		
奥氏体型	12Cr17Ni7（1Cr17Ni7）	S30110	≤0.15	6.00~8.00	16.00~18.00	N≤0.10	固溶处理1010~1150,水冷	205	520	40	60	≤187	最易冷变形强化的钢,用于铁道车辆,传送带,紧固件等
	12Cr18Ni9（1Cr18Ni9）	S30210	≤0.15	8.00~10.00	17.00~19.00	N≤0.10	固溶处理1010~1150,水冷	205	520	40	60	≤187	经冷加工有高的强度,作建筑用装饰部件
	06Cr19Ni10（0Cr18Ni9）	S30408	≤0.08	8.00~11.00	18.00~20.00	—	固溶处理1010~1150,水冷	205	520	40	60	≤187	用量最大,使用最广。制作深冲成型部件,输酸管道
	06Cr18Ni11Ti（0Cr18Ni10Ti）（1Cr18Ni9Ti）	S32168	≤0.08（≤0.08）（≤0.12）	9.00~12.00	17.00~19.00	Ti 5C~0.70	固溶处理920~1150,水冷	205	520	40	50 60	≤187	耐晶间腐蚀性能优越,造耐酸容器,抗磁仪表,医疗器械
	10Cr18Ni12（1Cr18Ni12）	S30510	≤0.12	10.50~13.00	17.00~19.00	—	固溶处理1010~1150,水冷	175	480	40	60	≤187	适于旋压加工,特殊拉拔,如作冷墩钢等
	06Cr19Ni10N（0Cr19Ni9N）	S30458	≤0.08	8.00~11.00	18.00~20.00	N 0.10~0.16	固溶处理1010~1150,水冷	275	550	35	50	≤217	用于有一定腐蚀,较高强度和减重要求的设备或部件
奥氏体-铁素体	022Cr22Ni5Mo3N	S22253	≤0.03	4.50~6.50	21.00~23.00	Mo 2.5~3.5 N 0.08~0.20	固溶处理950~1200,水冷	450	620	25	—	≤290	焊接性良好,制作油井管,化工储罐,热交换器等
	022Cr25Ni6Mo2N	S22553	≤0.03	5.50~6.50	24.00~26.00	Mo 1.2~2.5 N 0.10~0.20	固溶处理950~1200,水冷	450	620	20	—	≤260	耐点蚀最好的钢。用于石化领域,制作热交换器等

类型	新牌号(旧牌号)	统一数字代号	主要化学成分(质量分数)/%				热处理/℃、冷却剂	力学性能≥				硬度(HBW、HRC)	用途举例
			C	Ni	Cr	其他		$R_{p0.2}$/MPa	R_m/MPa	A/%	Z/%		
铁素体型	06Cr13Al (0Cr13Al)	S11348	≤0.08	(≤0.60)	11.50~14.50	Al 0.1~0.3	退火 780~830	175	410	20	60	≤183	用于石油精制装置、压力容器衬里、蒸汽透平叶片等
	10Cr17Mo (1Cr17Mo)	S11790	≤0.12	(≤0.60)	16.00~18.00	Mo 0.75~1.25	退火 780~850	205	450	22	60	≤183	主要用作汽车轮毂、紧固件及汽车外装饰材料
马氏体型	12Cr13 (1Cr13)	S41010	0.08~0.15	(≤0.60)	11.50~13.50	Si≤1.00 Mn≤1.00	950~1000淬 700~750回	345	540	25	55	≥159	用于韧性要求较高且受冲击的刀具、叶片、紧固件等
	20Cr13 (2Cr13)	S42020	0.16~0.25	(≤0.60)	12.00~14.00	Si≤1.00 Mn≤1.00	920~980淬 600~750回	440	640	20	50	≥192	用于承受高负荷的零件、如汽轮机叶片、热油泵、叶轮
	30Cr13 (3Cr13)	S42030	0.26~0.35	(≤0.60)	12.00~14.00	Si≤1.00 Mn≤1.00	920~980淬 600~750回	540	735	12	40	≥217	300℃以下工作的刀具、弹簧 400℃以下工作的轴等
	40Cr13 (4Cr13)	S42040	0.36~0.45	(≤0.60)	12.00~14.00	Si≤0.60 Mn≤0.80	1050~1100淬 200~300回	—	—	—	—	≥50 HRC	用于外科医疗用具、阀门、轴承、弹簧等
	95Cr18 (9Cr18)	S44090	0.90~1.00	(≤0.60)	17.00~19.00	Si≤0.80 Mn≤0.80	1000~1050淬 200~300回	—	—	—	—	≥55 HRC	用于耐蚀高强耐磨件、如轴、泵、阀件、弹簧、紧固件等

b. 热强性　热强性是指钢在高温下的强度。金属在高温下，当工作温度大于再结晶温度、工作应力大于此温度下的弹性极限时，随时间的延长，金属会发生极其缓慢的塑性变形，这种现象叫做"蠕变"。在高温下，金属的强度是用蠕变强度和持久强度来表示。蠕变强度是指金属在一定温度下、一定时间内，产生一定变形量所能承受的最大应力。而持久强度是指金属在一定温度下、一定时间内，所能承受的最大断裂应力。提高热强性的主要途径有固溶强化、第二相强化和晶界强化。

② 成分特点　加入 Cr、Si、Al 元素，在高温下能促使金属表面生成致密的氧化膜，防止继续氧化，提高钢的抗氧化性。Cr、Ni、W、Mo 等元素能产生固溶强化，增大了原子间的结合力，提高再结晶温度，而 V、Ti、Nb 等元素，能形成细小弥散的碳化物，从而提高钢的高温强度。

③ 常用的耐热钢

a. 珠光体型耐热钢　这类钢碳的质量分数较低，合金元素总量一般不超过 5%。常用牌号有 15CrMo，12Cr1MoV 等。广泛用于制作 600℃ 以下的耐热部件。如锅炉钢管、汽轮机转子、耐热紧固件等。

b. 奥氏体型耐热钢　这类钢含有较多的 Ni、Mn、N 等奥氏体形成元素，在 600℃ 以上时，有较好的高温强度和组织稳定性，焊接性能良好。通常用作在 600℃ 以上工作的热强材料。常用牌号有 06Cr18Ni11Ti、20Cr25Ni20 等。

c. 铁素体型耐热钢　这类钢含有较多的 Cr 元素，以提高抗氧化性。如 10Cr17、16Cr25N 等。一般用于制作承受载荷较低而要求有高温抗氧化性的部件，如散热器、油喷嘴等。

d. 马氏体型耐热钢　这类钢是在 Cr13 型不锈钢的基础上发展起来的。常用牌号有 12Cr13、20Cr13、1Cr11MoV 等。使用温度小于 650℃，通常用来制作汽轮机叶片、轮盘、紧固件等。此外，作为制造内燃机排气阀用的 42Cr9Si2、40Cr10Si2Mo 等也属于马氏体耐热钢。

耐热钢的常用牌号、成分、热处理、性能及用途见表 4-14。

(3) 耐磨钢

① 用途及性能要求　耐磨钢是在指强烈冲击和严重磨损条件下产生加工硬化的高锰钢。其性能特点是具有良好的韧性和高的耐磨性，主要用于制造长时间经受高冲击物料磨损的耐磨构件，广泛应用于冶金、矿山、建材、铁路、电力、煤炭、水泥等机械设备中，如车辆履带、挖掘机的铲斗、球磨机的衬板、破碎机颚板。尤其是近年来，随着现代工业的高速发展和科学技术的突飞猛进，高锰钢已成为磁悬浮列车、凿岩机器人、新型坦克等先进设备中首选的耐磨材料。

抵抗强冲击、大压力物料磨损等耐磨材料中的最佳选择，具有其他耐磨材料无法比拟的加工硬化特性。在较大冲击或较大接触应力的作用下，高锰钢板表层产生加工硬化，表面硬度由 HB200 迅速提升到 HB500 以上，从而产生高耐磨的表面层，而钢板内层奥氏体仍保持良好的冲击韧性。

② 成分特点

a. 高碳　耐磨钢碳的质量分数达 $w_C = 0.9\% \sim 1.45\%$，以保证高的耐磨性。

表 4-14 耐热钢的常用牌号、成分、热处理、性能及用途

类型	新牌号(旧牌号)	化学成分/%(质量分数)						热处理/℃ 冷却剂	力学性能≥				硬度(HBW)	用途举例
		C	Si	Mn	Cr	Mo	其他		$R_{p0.2}$/MPa	R_m/MPa	A/%	Z/%		
珠光体型	12CrMo	0.08~0.15	0.17~0.37	0.40~0.70	0.40~0.70	0.40~0.55	—	淬900空 回650空	265	410	24	60	≤179	510℃的锅炉及汽轮机的主汽管(正火),高温弹性件
	15CrMo	0.12~0.18	0.17~0.37	0.40~0.70	0.80~1.10	0.40~0.55	—	淬900空 回650空	295	440	22	60	≤179	510℃的锅炉过热器、主汽管(正火),常温重要零件
	12CrMoV	0.08~0.15	0.17~0.37	0.40~0.70	0.30~0.60	0.25~0.35	V 0.15~0.30	淬970空 回750空	225	440	22	50	≤241	≤540℃的汽轮机主汽管及≤570℃的过热器、导管
	12Cr1MoV	0.08~0.15	0.17~0.37	0.40~0.70	0.90~1.20	0.25~0.35	V 0.15~0.30	淬970空 回750空	245	490	22	50	≤179	≤570~585℃的高压设备中的过热钢管、导管等
	25Cr2MoVA	0.22~0.29	0.17~0.37	0.40~0.70	1.50~1.80	0.25~0.35	V 0.15~0.30 P,S≤0.025	淬900油 回640空	785	930	14	55	≤241	<570℃的螺栓、导管等,<530℃的紧固件
奥氏体型	16Cr23Ni13 (2Cr23Ni13)	≤0.20	≤1.00	≤2.00	22.00~24.00	—	Ni 12.0~15.0	固溶处理 1030~1150	205	560	45	50	≤201	980℃以下可反复加热。加热炉部件、重油燃烧器
	20Cr25Ni20 (2Cr25Ni20)	≤0.25	≤1.50	≤2.00	24.00~26.00	—	Ni 19.0~22.0	固溶处理 1030~1180	205	590	40	50	≤201	1035℃以下可反复加热。用于炉用部件、喷嘴、燃烧室
	06Cr25Ni20 (0Cr25Ni20)	≤0.08	≤1.50	≤2.00	24.00~26.00	—	Ni 19.0~22.0	固溶处理 1030~1180	205	520	40	50	≤187	1035℃以下可反复加热。炉用材料,汽车排气净化装置
	06Cr19Ni13Mo3 (0Cr19Ni13Mo3)	≤0.08	≤1.00	≤2.00	18.00~20.00	3.00~4.00	Ni 11.0~15.0	固溶处理 1010~1150	205	520	40	60	≤187	造纸、印染设备、石油化工及耐有机酸腐蚀的装备
	06Cr18Ni11Ti (0Cr18Ni10Ti)	≤0.08	≤1.00	≤2.00	17.00~19.00	—	Ti 5C~0.70	固溶处理 920~1150	205	520	40	50	≤187	400~900℃腐蚀条件下使用的部件、高温用焊接结构部件
	06Cr18Ni11Nb (0Cr18Ni11Nb)	≤0.08	≤1.00	≤2.00	17.00~19.00	—	Nb 10C~1.1	固溶处理 980~1150	205	520	40	50	≤187	
	45Cr14Ni14W2Mo (4Cr14Ni14W2Mo)	0.40~0.50	≤0.80	≤0.70	13.00~15.00	0.25~0.40	Ni 13.0~15.0 W 2.00~2.75	退火 820~850	315	705	20	35	≤248	700℃以下内燃机、柴油机重负荷进、排气阀和紧固件
	12Cr16Ni35 (1Cr16Ni35)	≤0.15	≤1.50	≤2.00	14.00~17.00	—	Ni 33.0~37.0	固溶处理 1030~1180	205	560	40	50	≤201	抗渗碳,易渗氮。1035℃以下可反复加热。石油裂解装置
	16Cr25Ni20Si2 (1Cr25Ni20Si2)	≤0.20	1.50~2.50	≤1.50	24.00~27.00	—	Ni 18.0~21.0	固溶处理 1080~1130	295	590	35	50	≤187	适用于制作承受应力的各种炉用构件

类型	新牌号(旧牌号)	化学成分/%(质量分数)						热处理/℃ 冷却剂	力学性能≥				硬度(HBW)	用途举例
		C	Si	Mn	Cr	Mo	其他		$R_{p0.2}$/MPa	R_m/MPa	A/%	Z/%		
铁素体型	022Cr12 (00Cr12)	≤0.03	≤1.00	≤1.00	11.00~13.50	—	—	退火 700~820	195	360	22	60	≤183	汽车排气处理装置，锅炉燃烧室，喷嘴等
	10Cr17 (1Cr17)	≤0.12	≤1.00	≤1.00	16.00~18.00	—	—	退火 780~850	205	450	22	50	≤183	900℃以下耐氧化部件、散热器、炉用部件、油喷嘴等
	16Cr25N (2Cr25N)	≤0.20	≤1.00	≤1.50	23.00~27.00	—	N≤0.25	退火 780~880	275	510	20	40	≤201	常用于抗硫气氛，如燃烧室、退火箱、玻璃模具、阀等
马氏体型	12Cr5Mo (1Cr5Mo)	≤0.15	≤0.50	≤0.60	4.00~6.00	0.40~0.60	Ni≤0.60	淬 900~950 回 600~700	390	590	18	—	退火 ≤200	再热蒸汽管，石油裂解管，锅炉吊架、泵的零件等
	12Cr12Mo (1Cr12Mo)	0.10~0.15	≤0.50	0.30~0.50	11.50~13.00	0.30~0.60	Ni≤0.60	淬 950~1000 回 700~750	550	685	18	60	217~248	铬钼马氏体耐热钢。作汽轮机叶片
	14Cr11MoV (1Cr11MoV)	0.11~0.18	≤0.50	≤0.60	10.00~11.50	0.50~0.70	V 0.25~0.40 Ni≤0.60	淬 1050~1100 回 720~740	490	685	16	55	退火 ≤200	热强性较高，减振性良好。用于透平叶片及导向叶片
	15Cr12WMoV (1Cr12WMoV)	0.12~0.18	≤0.50	0.50~0.90	11.00~13.00	0.50~0.70	W 0.70~1.10 V 0.15~0.30 Ni 0.40~0.80	淬 1000~1050 回 680~700	585	735	15	45	—	热强性较高，减振性良好，紧固体、转子及轮盘
	42Cr9Si2 (4Cr9Si2)	0.35~0.50	2.00~3.00	≤0.70	8.00~10.00	—	Ni≤0.60	淬 1020~1040 回 700~780	590	885	19	50	退火 ≤269	内燃机进气阀、轻负荷发动机的排气阀

b. 高锰 耐磨钢含锰量高，$w_{Mn}=11\%\sim14\%$，锰是扩大奥氏体区的元素，它和碳配合，保证热处理后获得单相奥氏体，提高钢的加工硬化效果和良好的韧性。

③ 热处理特点 高锰钢铸态组织是奥氏体＋碳化物，碳化物常常沿奥氏体晶界析出，降低了钢的韧性和耐磨性，必须对其进行"水韧处理"，即将钢加热到 $1000\sim1100℃$ 高温，保温一段时间，使钢中碳化物全部溶入奥氏体中，然后在水中快冷，使碳化物来不及析出，得到单相奥氏体组织。水韧处理后硬度并不高（$180\sim220HBS$）。当它受到剧烈冲击或较大压力作用时，表面迅速产生加工硬化，并伴有马氏体相变，使表面硬度提高到 $52\sim56HRC$，因而具有高的耐磨性，而心部仍为奥氏体，具有良好的韧性，以承受强烈的冲击力。当表面磨损后，新露出的表面又可在冲击或压力作用下获得新的硬化层。

高锰钢水韧处理处理后不可再回火或在 $300℃$ 以上的温度下工作，否则碳化物又会沿奥氏体晶界析出而使钢脆化。

④ 常用钢种 高锰钢由于机械加工困难，采用铸造成形。牌号有 ZGMn13-1、ZGMn13-2 等，见表 4-15。

表 4-15 高锰钢的牌号、化学成分、力学性能和用途

牌号	化学成分(质量分数)/%						力学性能[2]					用途举例
	C	Mn	Si	S≤	P≤	其他	σ_s /MPa	σ_b /MPa	δ_s /%	a_{KU} /(J/cm²)	HBS	
ZGMn13-1[1]	1.00～1.45	11.00～14.00	0.30～1.00	0.040	0.090	—	—	≥635	≥20	—	—	低冲击耐磨件，如齿板、衬板、铲齿等
ZGMn13-2	0.90～1.35	11.00～14.00	0.30～1.00	0.040	0.070	—	—	≥685	≥25	≥147	≤300	
ZGMn13-3	0.95～1.35	11.00～14.00	0.30～0.80	0.035	0.070	—	—	≥735	≥30	≥147	≤300	承受强烈冲击载荷的零件，如斗前壁、履带板等
ZGMn13-4	0.90～1.30	11.00～14.00	0.30～0.80	0.040	0.070	Cr 1.50～2.50	≥390	≥735	≥20	—	≤300	
ZGMn13-5	0.75～1.30	11.00～14.00	0.30～1.00	0.040	0.070	Mo 0.90～1.20			—			特殊耐磨件，磨煤机衬板

① ZGMn13 系铸造高锰钢，"-"后阿拉伯数字表示品种代号。

② 力学性能为经水韧处理后试样的数值。

《《《 4.3 铸 铁 》》》

铸铁是碳质量分数大于 2.11%，并含有较多的 Si、Mn 和其他一些杂质元素铁碳合金。为了提高铸铁的性能，还可以加入一定量的合金元素，组成合金铸铁。铸铁熔炼简便，成本低廉，具有优良的铸造性能、很高的耐磨性、良好的减振性和切削加工性能等一系列的优点，因此而获得较为广泛的应用。

4.3.1　铸铁的分类

碳在铸铁中既可以化合状态的渗碳体（Fe_3C）形式存在，也可以游离状态的石墨（G）形式存在。据此可以把铸铁分为三类。

① 白口铸铁　碳主要以渗碳体的形式存在，断口呈银白色，故称白口铸铁。由于这类铸铁中都存在共晶莱氏体组织，所以其性能硬而脆，很难切削加工，主要用作炼钢原料和生产可锻铸铁的毛坯。也可制作一些耐磨工件，如犁铧、轧辊等。

② 灰口铸铁　碳全部或大部分以片状石墨存在于铸铁中，其断口呈暗灰色，故称灰口铸铁。按石墨形态的不同，又可分为灰铸铁（石墨呈片状）、球墨铸铁（石墨呈球状）、可锻铸铁（石墨呈团絮状）、蠕墨铸铁（石墨呈蠕虫状）。这类铸铁具有良好的切削加工性、减摩性、减振性等，而且熔炼的工艺与设备简单，成本低廉，所以在目前的工业生产中，可提高减摩性、减振性等，而且熔炼的工艺与设备简单，成本低廉，所以在目前的工业生产中，灰口铸铁是最重要的工程材料之一。

③ 麻口铸铁　碳一部分以石墨形式存在，类似灰口铸铁；另一部分以自由渗碳体形式存在，类似白口铸铁。断口中呈黑白相间的麻点，故称麻口铸铁。这类铸铁也具有较大硬脆性，故工业上也很少应用。

4.3.2　铸铁的石墨化

铸铁中碳原子析出和形成石墨的过程称为石墨化。

(1) 铸铁的石墨化过程

在铁碳合金中，碳可以三种形式存在：一是以原子形式固溶于铁素体（F）中；二是以金属化合物（Fe_3C）的形式存在；三是以游离态的单质石墨（G）存在。石墨的强度、塑性和韧性较低，硬度仅为3～5HBS。

渗碳体是亚稳定相，石墨才是稳定相。渗碳体在高温下进行长时间加热会分解为铁（或铁素体）和石墨，即 $Fe_3C \longrightarrow 3Fe+G$。因此反映铁碳合金的相图实际上应是两个，如图4-10所示。图中实线表示亚稳定的 Fe-Fe_3C 相图，虚线表示稳定的 Fe-G 相图，凡虚线与实线重合的线条都用实线表示。

按照 Fe-G 相图，可将铸铁的石墨化过程分为三个阶段。

第一阶段，从液相中直接析出的石墨，以及在1154℃共晶转变时形成石墨。

第二阶段，在1154～738℃范围内冷却的过程中，从奥氏体中析出二次石墨。

第三阶段，在738℃通过共析转变形成共析石墨。

在铸铁高温冷却过程中，由于碳具有较高的扩散能力，故第一和第二阶段的石墨化是较易进行的，凝固后获得（A+G）的组织，而随后在较低温度下进行的第三阶段石墨化则常因铸铁的成分和冷却速度的影响，而被全部或部分的抑制，从而得到三种不同的基体组织：铁素体、珠光体、铁素体＋珠光体。

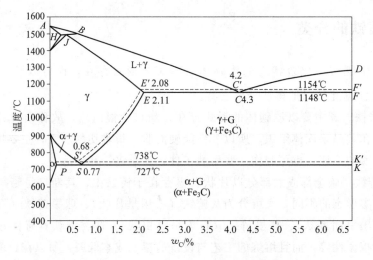

图 4-10 Fe-Fe₃C 和 Fe-G 双重相图

(2) 影响石墨化的因素

① 化学成分的影响 C、Si、Mn、S、P 对石墨化过程有不同的影响。C 和 Si 是强烈促进石墨化的元素，铸铁中 C、Si 含量越高，石墨化越容易进行，越容易得到灰口组织。铸铁中常见杂质元素对石墨也有不同的影响。P 是一个促进石墨化的元素，在铸铁中主要形成的磷共晶会增加铸铁的脆性。S 是强烈阻碍石墨化的元素。Mn 本身是一个阻碍石墨化的元素，但 Mn 能与 S 结合生成 MnS，削弱 S 的有害作用，所以，Mn 因除硫而有促进石墨化的作用。

② 冷却速度的影响 铸件冷却速度越缓慢，越有利于石墨化过程的充分进行。冷却速度较快时，由于原子扩散困难，析出渗碳体的可能性较大。

值得指出的是，铸件的冷却速度是一个综合的因素，它与浇注温度、铸型材料的性质、铸造方法以及铸件的壁厚等因素密切相关。

4.3.3 常用铸铁

(1) 灰铸铁

在铸铁的总产量中，灰铸铁件几乎占 80% 以上。主要用于制造各种机器的底座、机架、工作台、机身、齿轮箱体、阀体及内燃机的汽缸体、汽缸盖等。

① 灰铸铁的成分、组织与性能 灰铸铁的化学成分范围一般为：$w_C = 2.7\% \sim 3.6\%$，$w_{Si} = 1.0\% \sim 2.5\%$，$w_{Mn} = 0.5\% \sim 1.3\%$，$w_P \leqslant 0.3\%$，$w_S \leqslant 0.15\%$。

灰铸铁的组织由片状石墨和金属基体组成。根据基体组织的不同，可分为铁素体基体、铁素体＋珠光体基体和珠光体基体三种，其显微组织如图 4-11 所示。

灰铸铁的力学性能与基体的组织和石墨的形态有关。灰铸铁中的片状石墨对基体的割裂严重，在石墨尖角处易造成应力集中，使灰铸铁的抗拉强度、塑性和韧性远低于钢，但抗压强度与钢相当，也是常用铸铁件中力学性能最差的铸铁。但是，灰铸铁具有良好的铸

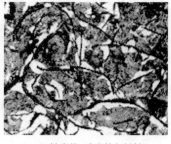

| (a) 铁素体灰铸铁 | (b) 铁素体+珠光体灰铸铁 | (c) 珠光体灰铸铁 |

图 4-11　灰铸铁的显微组织

造性能、良好的减振性、良好的耐磨性能、良好的切削加工性能、低的缺口敏感性。

②孕育铸铁　普通灰铸铁组织中的石墨片比较粗大，因而力学性能较低。为了提高铸铁的力学性能，就必须设法减小铸铁中的石墨片的尺寸。在生产上常采用孕育处理，即在铸铁浇注前向铁液中加入一种孕育剂（硅铁、硅钙合金），促进外来晶核的形成或激发自身晶核的产生，使晶核数目大量增加的一种处理工艺。经孕育处理后的铸铁的组织为细珠光体基体加上细小均匀分布的片状石墨，这种铸铁又称为孕育铸铁。

孕育铸铁的抗拉强度可达 300~400MPa、硬度可达 170~270HBS。孕育铸铁主要用于动载荷较小，而静载强度要求较高的重要零件，例如汽缸、曲轴、凸轮和机床铸件等，尤其是断面比较厚大的铸件更为合适。

③灰铸铁的牌号和应用　我国灰铸铁牌号用"HT＋三位数字"的方法来表示。"HT"为"灰铁"两字汉语拼音，后面的三位数字表示其最低抗拉强度。例如灰铸铁HT200，表示最低抗拉强度为 200MPa。

表 4-16 为灰铸铁的牌号、力学性能及应用。

表 4-16　灰铸铁的牌号、力学性能及应用

牌号	抗拉强度 R_m/MPa	硬度（HBW）	组织		应用举例
			基体	石墨	
HT100	≥100	≤170	铁素体	粗片状	手工铸造用砂箱、盖、下水管、底座、外罩、手轮、手把、重锤等
HT150	≥150	125~205	铁素体＋珠光体	较粗片状	机械制造中一般铸件，如底座、手轮、刀架等；冶金行业用的流渣槽、渣缸等；机车用一般铸件，如水泵壳、阀体、阀盖等；动力机械中拉钩、框架、阀门、油泵壳等
HT200	≥200	150~230	珠光体	中等片状	一般运输机械的汽缸体、汽缸盖、飞轮等；一般机床的床身、机座；通用机械承受中等压力的泵体、阀体等；动力机械的外壳、轴承座、水套等
HT225	≥225	170~240	细珠光体	中等片状	
HT250	≥250	180~250	细珠光体	较细片状	运输机械的薄壁缸体、缸盖、排气管；机床的立柱、横梁、床身、滑板、箱体等；冶金和矿山机械的轨道板、齿轮；动力机械的缸体、缸套、活塞等
HT275	≥275	190~260	索氏体	较细片状	
HT300	≥300	200~275	索氏体或托氏体	细小片状	机床导轨、受力较大的机床床身、立柱机座等；通用机械的水泵出口管、吸入盖等；动力机械的液压阀体、涡轮、汽轮机隔板、泵壳、大型发动机缸体、缸盖
HT350	≥350	220~290	索氏体或托氏体	细小片状	大型发动机汽缸体、汽缸盖、衬套；水泵缸体、阀体、凸轮等；机床导轨、工作台等；需经表面淬火的铸件

④ 灰铸铁的热处理　灰铸铁的热处理后只能改变基体组织，不能改变石墨的形态，因而不可能明显提高灰铸铁件的力学性能。灰铸铁的热处理主要用于消除铸件内应力和白口组织，稳定尺寸，改善切削加工性能，提高表面硬度和耐磨性等。

a. 消除内应力退火　用以消除铸件在凝固过程中因冷却不均匀而产生的铸造应力，防止铸件产生变形和裂纹。其工艺是将铸件加热到 $500 \sim 600℃$，保温一段时间后随炉缓冷至 $150 \sim 200℃$ 以下出炉空冷，有时把铸件在自然环境下放置很长一段时间，使铸件内应力得到松弛，这种方法叫"自然时效"，大型灰铸铁件可以采用此法来消除铸造应力。

b. 石墨化退火　以消除白口组织，降低硬度，改善切削加工性能。方法是将铸件加热到 $850 \sim 900℃$，保温 $2 \sim 5h$，然后随炉缓冷至 $400 \sim 500℃$，再出炉空冷，使渗碳体在保温和缓冷过程中分解而形成石墨。

c. 表面淬火　对于机床导轨表面和内燃机汽缸套内壁等灰铸铁件的工作表面，需要有较高的硬度和耐磨损性能，可以采用高（中）频表面淬火、接触电阻表面淬火和激光表面淬火等。淬火后表面硬度在 55HRC 左右。

（2）球墨铸铁

球墨铸铁是通过球化和孕育处理得到球状石墨，有效地提高了铸铁的力学性能，特别是提高了塑性和韧性，从而得到比碳钢还高的强度。球墨铸铁是 20 世纪 50 年代发展起来的一种高强度铸铁材料，其综合性能接近于钢，正是基于其优异的性能，已成功地用于铸造一些受力复杂，强度、韧性、耐磨性要求较高的零件。球墨铸铁已迅速发展为仅次于灰铸铁的、应用十分广泛的铸铁材料。所谓"以铁代钢"，主要指球墨铸铁。

① 球墨铸铁的成分、组织与性能　球墨铸铁的化学成分范围一般为：$w_C = 3.6\% \sim 4.0\%$，$w_{Si} = 2.0\% \sim 2.8\%$，$w_{Mn} = 0.6\% \sim 0.8\%$，$w_P \leqslant 0.1\%$，$w_S \leqslant 0.04\%$，$w_{RE残} \leqslant 0.03\% \sim 0.05\%$。

球墨铸铁的组织由金属基体和球状石墨组成。球墨铸铁基体组织常用的有铁素体、铁素体＋珠光体和珠光体三种，如图 4-12 所示。

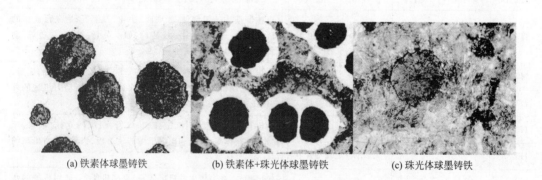

(a) 铁素体球墨铸铁　　　　(b) 铁素体+珠光体球墨铸铁　　　　(c) 珠光体球墨铸铁

图 4-12　球墨铸铁的显微组织

球墨铸铁中的石墨呈球状对基体的削弱作用和应力集中减小，从而提高了基体金属的利用率。球墨铸铁基体强度的利用率可以达到 $70\% \sim 90\%$，而灰铸铁的基体强度的利用率仅为30%～50%。球墨铸铁的屈强比高，约为0.7～0.8，接近钢的一倍（钢的屈强比一般为0.35～0.5）。此外，球墨铸铁还具有较好的耐磨减摩性和切削加工性。因此，可以用球墨铸铁代替钢制造某些重要零件，如曲轴、连杆、凸轮轴、汽车的后桥壳等。

② 球墨铸铁的牌号和应用　球墨铸铁的牌号是"球铁"两个字的汉语拼音自首"QT"及其后的两组数字组成。这两组数字分别表示其最小的抗拉强度和伸长率。例如QT400-15，抗拉强度不低于400MPa，伸长率不低于15%的球墨铸铁。

表4-17为球墨铸铁的牌号、基体组织、性能和用途。

表4-17　球墨铸铁的牌号、基体组织、性能和用途

牌号[①]	力学性能（不小于）			布氏硬度（HBW）	显微组织	应　用
	R_m/MPa	$R_{p0.2}$/MPa	A/%			
QT350-22L	350	220	22	≤160	F+G球	高速电力机车及磁悬浮列车铸件、寒冷地区工作的起重机部件、汽车部件、农机部件等
QT350-22R	350	220	22	≤160	F+G球	核燃料贮存运输容器、风电轮毂、排泥阀阀体、阀盖环等
QT350-22	350	220	22	≤160	F+G球	
QT400-18L	400	240	18	120～175	F+G球	机车曲轴箱体、发电设备用桨片毂等
QT400-18R	400	250	18	120～175	F+G球	农机具零件；汽车、拖拉机牵引杠、轮毂、驱动桥壳体、离合器壳等；阀门的阀体、阀盖、支架等；铁路垫板，电机机壳、齿轮箱等
QT400-18	400	250	18	120～175	F+G球	
QT400-15	400	250	15	120～180	F+G球	
QT400-10	450	310	10	160～210	F+G球	
QT500-7	500	320	7	170～230	F+P+G球	机油泵齿轮等
QT500-5	550	350	5	180～250	F+P+G球	传动轴滑动叉等
QT600-3	600	370	3	190～270	F+P+G球	柴油机、汽油机的曲轴；磨床、铣床、车床的主轴；空压机、冷冻机的缸体、缸套
QT700-2	700	420	2	225～305	P+G球	
QT800-2	800	480	2	245～335	P+G球或S+G球	
QT900-2	900	600	2	280～360	回M+G球或T+S+G球	汽车、拖拉机传动齿轮；内燃机凸轮轴、曲轴等

① 牌号后字母"L"表示该牌号有低温（-20℃或-40℃）下的冲击性能要求；字母"R"表示该牌号有室温（23℃）下的冲击性能要求。

③ 球墨铸铁的热处理

a. 退火　退火的目的是为了获得铁素体基体球墨铸铁。浇注后铸件组织中常会出现不同数量的珠光体和渗碳体使切削加工变得较难进行。为了改善其加工性，同时消除铸造应力需进行退火处理。

当铸态织织为F+P+Fe₃C+G（石墨）时，则将铸件加热到900～950℃，保温2～5h，然后随炉冷至600℃出炉空冷。

当铸态组织为 F＋P＋G（石墨）时，则将铸件加热到 700～760℃，保温 3～6h，然后随炉冷至 600℃ 出炉空冷。

b. 正火　正火的目的是得到珠光体基体。一般加热到 880～920℃，保温 1～3h，然后空冷，以获得珠光体球墨铸铁。

c. 等温淬火　等温淬火适用于形状复杂易变形，同时要求综合力学性能高的球墨铸铁件。其方法是将铸件加热至 860～920℃ 适当保温，迅速放入 250～350℃ 的盐浴炉中进行等温处理，然后取出空冷。等温淬火后得到下贝氏体＋少量残余奥氏体＋球状石墨。等温淬火仅适于尺寸不大的零件如小齿轮、曲轴、凸轮轴等。

d. 调质处理　调质处理主要应用于球墨铸铁的一些受力复杂、截面较大、综合性能要求高的重要零件，例如连杆、曲轴等。调质处理的目的是使基体组织获得回火索氏体，具有良好的综合力学性能，常用来处理柴油机曲轴、连杆等零件。

其工艺为：加热到 860～920℃，油淬，再经 550～600℃ 回火，组织为回火索氏体＋球状石墨，硬度为 250～300HBS。

（3）可锻铸铁

可锻铸铁是白口铸铁经石墨化退火而获得的一种高强度铸铁。由于铸铁中石墨呈团絮状分布，对基体破坏作用减弱，因而较之灰铸铁具有较高的力学性能，尤其是具有较高的塑性和韧性，故此被称为可锻铸铁。实际上可锻铸铁并不能锻造。

可锻铸铁的化学成分范围一般为：$w_C＝2.2\%～2.8\%$，$w_{Si}＝1.0\%～1.8\%$，$w_{Mn}＝0.4\%～1.2\%$，$w_P≤0.2\%$，$w_S≤0.18\%$。因碳、硅含量低，其铸造性能比灰铸铁差。

可锻铸铁的组织由金属基体和团絮状石墨组成。其基体组织有铁素体和珠光体两种，如图 4-13 所示。

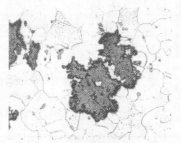 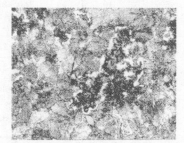

(a) 铁素体可锻铸铁　　　　　　(b) 珠光体可锻铸铁

图 4-13　可锻铸铁的显微组织

可锻铸铁的牌号、性能及应用见表 4-18。牌号中"KT"为"可铁"两个字汉语拼音字首，"H"表示"黑心"（即铁素体基体），"Z"表示基体为珠光体。牌号后面的两组数字分别代表最低抗拉强度和最低伸长率。

可锻铸铁的力学性能优于灰铸铁，并接近于同类基体的球墨铸铁，尤其是珠光体基体可锻铸铁，强度已可与铸钢比美。所以可锻铸铁常用于制作一些截面较薄而形状复杂、工作时受振动而强度、韧性要求较高的零件。

黑心可锻铸铁强度虽然不高，但具有良好的塑性和韧性，常用来制作汽车、拖拉机的后桥外壳、机床扳手、低压阀门、管接头、农具等承受冲击、振动和扭转载荷的零件。

表 4-18 可锻铸铁的牌号、性能及应用

分类	牌 号	试样直径/mm	力学性能			硬度 (HB)	应 用
			R_m /MPa	$R_{p0.2}$ /MPa	$A/\%$ ($L_0=3d$)		
			不小于				
黑心可锻铸铁	KTH300-06	12 或 15	300	—	6	≤150	管道、弯头、接头、三通、中压阀门
	KTH330-08		330		8		各种扳手、犁刀、犁柱、车轮壳等
	KTH350-10		350	200	10		汽车、拖拉机前后轮壳,减速器壳,
	KTH370-12		370		12		转向节壳,制动器等
珠光体可锻铸铁	KTZ450-06		450	270	6	150～200	曲轴、凸轮轴、连杆、齿轮、活塞环、轴套、耙片、犁刀、摇臂、万向节头、棘轮、扳手、传动链条、矿车轮等
	KTZ550-04		550	340	4	180～230	
	KTZ650-02		650	430	2	210～260	
	KTZ700-02		700	530	2	240～290	

(4) 蠕墨铸铁

蠕墨铸铁作为一种新型铸铁材料出现在 20 世纪 60 年代。由于其石墨大部分呈蠕虫状,使它兼备灰铸铁和球墨铸铁的某些优点,可以用来替代高强度铸铁、合金铸铁、黑心可锻铸铁及铁素体球墨铸铁。

蠕墨铸铁的化学成分要求与球墨铸铁相似,即要求高碳、高硅、低硫、低磷,并含有一定量的稀土与镁。蠕墨铸铁的成分范围一般为:$w_C=3.5\%\sim3.9\%$,$w_{Si}=2.1\%\sim2.8\%$,$w_{Mn}=0.6\%\sim0.8\%$,$w_P\leq0.1\%$,$w_S\leq0.1\%$。蠕墨铸铁是在上述成分的铁液中加入适量的蠕化剂进行蠕化处理和孕育剂进行孕育处理后获得的。

蠕墨铸铁的牌号用"RuT+三位数字"表示,"RuT"表示蠕铁,后面三位数字表示其最小抗拉强度值。如 RuT420 表示最小抗拉强度为 420MPa 的蠕墨铸铁。

蠕墨铸铁的力学性能介于相同基体组织的灰铸铁和球墨铸铁之间。其强度、韧性、疲劳极限、耐磨性及抗热疲劳性能都比灰铸铁高。但由于蠕虫状石墨大都是相互连接的,因此其塑性、韧性和强度都比球墨铸铁低。此外,蠕墨铸铁的铸造性能、减振性、导热性及切削加工性等均优于球墨铸铁,并与灰铸铁相近。因此蠕墨铸铁是一种具有良好综合性能的铸铁。主要应用在一些经受热循环载荷的铸件,如钢锭模、玻璃模具、柴油机缸盖、排气管、刹车件等。

(5) 合金铸铁

合金铸铁是指在普通铸铁中加入合金元素而具有特殊性能的铸铁。通常加入的合金元素有硅、锰、磷、镍、铬、钼、铜等。合金元素能使铸铁基体组织发生变化,从而使铸铁获得特殊的耐热、耐磨、耐腐蚀、无磁和耐低温等物理-化学性能,因此这种铸铁也叫"特殊性能铸铁"。合金铸铁广泛用于机器制造、冶金矿山、化工、仪表工业以及冷冻技术等部门。

① 耐磨铸铁　根据工作条件的不同,耐磨铸铁可以分为减摩铸铁和抗磨铸铁两类。减磨铸铁用于制造在有润滑条件时工作的零件,如机床床身、导轨和汽缸套等,这些零件

要求较小的摩擦系数。常用的减磨铸铁主要有磷铸铁、硼铸铁、钒钛铸铁和铬钼铜铸铁。抗磨铸铁用来制造在干摩擦条件下工作的零件，如轧辊、球磨机磨球等。常用的抗磨铸铁有珠光体白口铸铁、马氏体白口铸铁和中锰球墨铸铁。

②　耐热铸铁　在高温下工作的铸铁，如加热炉炉底板、炉条、烟道挡板，换热器，坩埚等，必须使用耐热铸铁。在铸铁中加入 Al、Si、Cr 等元素，一方面在铸件表面形成致密的 SiO_2、Al_2O_3、Cr_2O_3 等氧化膜，阻碍继续氧化；另一方面提高铸铁的临界温度，使基体变为单相铁素体，不发生石墨化过程，从而改善铸铁的耐热性。我国多采用硅系和硅铝系耐热铸铁。

③　耐蚀铸铁　在化工部门制作管道、阀门、泵类、反应锅及各种容器时，广泛采用耐蚀铸铁。为了提高铸铁的耐蚀件，可加入大量的 Si、Al、Cr、Ni、Cu 等合金元素，用以在铸铁表面形成致密、牢固、完整的保护膜，并提高铸铁基体的电极电位。常用有耐蚀铸铁高硅、高硅钼、高铬铸铁。

(6) 铸铁应用案例

案例 1： 一般机床底座、工作台等对强度要求不高。可采用灰铸铁 HT150 制造，其组织为铁素体＋珠光体＋片状石墨。

案例 2： 汽车发动机曲轴常用球墨铸铁 QT700-2 制造，采用正火＋轴颈表面淬火＋低温回火处理，获得组织为细珠光体＋球状石墨，轴颈表面为回火马氏体＋球状石墨。

习题与思考题

1. 说出 Q235A、15、45、65、T8、T12 等钢的钢类、碳的质量分数，各举出一个应用实例。

2. 合金钢与碳钢相比，为什么它的力学性能好？热处理变形小？

3. 为什么低合金高强钢用锰作为主要的合金元素？

4. 试述渗碳钢的成分及热处理特点。

5. 为什么滚动轴承钢的含碳量均为高碳？而又限制钢中含 Cr 量不超过 1.65%？滚动轴承钢的预备热处理和最终热处理的特点是什么？

6. 用 20CrMnTi 钢制造的汽车变速齿轮，若改用 40Cr 钢经高频淬火是否可以？为什么？

7. 一般刃具钢要求什么性能？高速钢要求什么性能？为什么？

8. 有人提出用高速钢制锉刀，用碳素工具钢制钻木材的 $\phi 10mm$ 的钻头，你认为合适吗？说明理由。

9. 由 T12 材料制成的丝锥，硬度要求为 60～64HRC。生产中混入了 45 钢料，如果按 T12 钢进行淬火＋低温回火处理，问其中 45 钢制成的丝锥的性能能否达到要求？为什么？

10. 不锈钢通常采用哪些措施来提高其性能？什么是不锈钢的分类？

11. 什么是固溶处理？不锈钢为什么要进行固溶处理？

12. 什么是水韧处理？高锰钢为什么要进行水韧处理？

13. 为什么灰铸铁的强度、塑性和韧性远不如钢？

14. 为什么一般机器的支架、机床的床身常用灰铸铁制造？

15. 指出下列牌号的钢种，并说明其数字和符号的含义，每个牌号的用途各举实例1～2个。

Q345、20CrMnTi、40Cr、60Si2Mn、GCr15、9SiCr、W18Cr4V、Cr12MoV、5CrMnMo、40Cr13、ZGMn13、HT150、QT700-2

第 **5** 章

有色金属材料 »»»

有色金属是指除铁、铬、锰三种金属以外的其他所有金属。有色金属具有许多钢铁材料不具备的优良的特殊性能，是现代工业中不可缺少的材料，在国民经济中占有十分重要的地位。例如，铝、镁、钛等具有相对密度小，比强度高的特点，因而广泛应用于航空、航天、汽车、船舶等行业；银、铜、铝等具有优良导电性和导热性，广泛应用于电器工业和仪表工业；铀、钨、钼、镭、钍、铍等是原子能工业所必需的材料，等等。随着航空、航天、航海、石油化工、汽车、能源、电子等新型工业的发展，有色金属及合金的地位将会越来越重要。

««« 5.1 铝及铝合金 »»»

铝及铝合金的性质，概括起来，主要有以下几个方面。

① 密度小，比强度高 纯铝的密度约 2.72g/cm³，仅为铁的 1/3。采用各种强化手段后，铝合金可以达到与低合金高强度结构钢相近的强度，因此比强度要比一般的低合金结构钢高得多。

② 优良的物理、化学性能 铝的导电性好，仅次于银、铜、金，相当于铜导电能力的 64%。铝的导热性好，比铁的热导率约大 3 倍。铝与氧的亲和力很强，在空气中可形成致密的氧化膜，具有良好的抗大气腐蚀能力。

③ 加工性能好 纯铝具有较高的塑性，纯铝和许多铝合金可以进行各种冷、热加工，轧制成很薄的铝箔和冷拔成极细的丝。

铝资源丰富，生产成本低。铝及铝合金在航空航天、电气工程、汽车制造及生活等领域中都有广泛应用。

5.1.1 纯铝

(1) 高纯铝

纯度为 99.93%～99.99%，主要用于科学研究和制作电容器等。

(2) 工业纯铝

纯度为 98%～99.9%，含有铁、硅等杂质，杂质含量越高，其导电性、导热性、耐蚀性及塑性越差。主要用于制作铝箔、电线、电缆、装饰材料、热交换器等。

5.1.2 铝合金

纯铝的强度低，不适宜用做结构材料。而加入 Si、Cu、Mg、Mn、Zn 等合金元素，可获得较高的强度，同时保持良好的加工性能。许多铝合金不仅可以通过变形加工硬化来提高强度，而且可用时效热处理来大幅度改善性能。因此，铝合金可用来制造承受较大载荷的机器零件和构件。

(1) 铝合金的分类和时效强化

铝合金一般具有图 5-1 所示的相图。成分低于 D 的合金，加热时能形成均匀的单相固溶体，塑性好，适宜变形加工，称为形变铝合金。成分高于 D 点的合金，由于冷却时有共晶组织的形成，流动性较好，适于铸造生成，称为铸造铝合金。形变铝合金中成分低于 F 点的合金，在固相加热时不发生相变，不能进行热处理强化，称为不可热处理强化的铝合金；成分在 $D～F$ 点之间的铝合金，可用热处理方法强化，称为可热处理强化铝合金。

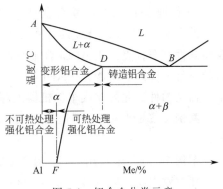

图 5-1 铝合金分类示意

将适于热处理的铝合金加热到 α 单相区某一温度获得单相 α 固溶体，随后进行水冷，获得过饱和 α 固溶体，这种处理称固溶处理，也叫淬火。这种过饱和固溶体是不稳定的，在室温放置或在低于固溶线某一温度下加热时，其强度、硬度会随时效时间的延长而增高，这个过程称为时效。在室温下进行的时效称为自然时效，在加热条件下的时效称为人工时效。

(2) 变形铝合金

形变铝合金按性能特点和用途分为防锈铝、硬铝、超硬铝和锻铝四种，防锈铝属于不可热处理强化的铝合金，硬铝、超硬铝、锻铝属于可热处理强化的铝合金。其牌号分别用 2×××～8××× 表示。第一位数字依次表示以 Cu、Mn、Si、Mg、Mg＋Si、Zn、其他元素为主要合金元素的铝合金组别。第二位字母若是 A，则表示原始合金，如果是 B～Y

的其他字母，则表示为原始合金的改型合金。后面两位数字表示顺序号。表 5-1 列出部分变形铝合金的牌号、化学成分、力学性能和用途。

① 防锈铝合金　防锈铝合金主要是 Al-Mn、Al-Mg 系合金，如 3A21（LF21），5A05（LF05）。防锈铝具有优良的抗腐蚀性，良好的塑性与焊接性，适宜压力加工和焊接。但其力学性能较低，可用冷加工方法使其强化。主要用于制作焊接管道、容器、铆钉以及其他冷变形零件。

② 硬铝合金　硬铝合金主要为 Al-Cu-Mg 系合金，常用牌号有 2A11（LY11），2A12（LY12）。加入 Cu、Mg 后可在合金形成 $CuAl_2$、Al_2CuMg 强化相，通过固溶＋时效处理后，铝合金可达到较高的强度。但其耐蚀性较差，特别是在海水中使用时，外部需包上一层纯铝进行保护。硬铝合金主要用于航空和交通工业，如常用来制造飞机蒙皮、框架、螺旋桨等。

③ 超硬铝合金　超硬铝合金主要为 Al-Zn-Mg-Cu 系合金，常用牌号有 7A04（LC4）、7A09（LC9）。这类合金是在硬铝的基础上再添加 Zn 元素而成的，其强度高于硬铝，但耐蚀性较差。超硬铝经固溶和人工时效处理后，它的强度在变形铝合金中最高，可达 600～700MPa。超硬铝合金主要用于航空、宇航工业中制造受力较大、较复杂而要求密度小的结构件，如蒙皮、大梁、桁架、加强框、起落架部件等。

④ 锻铝合金　锻铝合金主要为 Al-Cu-Mg-Si 系合金，常用牌号有 2A50（LD5）、2A70（LD7）。其力学性能与硬铝相近，但由于热塑性较好，因此适合采用压力加工，如锻压、挤压、轧制等工艺操作，可用来制造叶轮、框架、支杆等要求中等强度、较高塑性及抗蚀性的零件。

⑤ 铝锂合金　Al-Li 系合金是一种新型超轻结构材料。锂的密度为 $0.533g/cm^3$，是最轻的金属。Al-Li 系合金具有密度小、比强度高、比刚度大、疲劳性能良好、耐腐蚀性及耐热性好等优点。用 Al-Li 合金制作飞机构件，可使飞机减重 10%～20%，大大提高飞机的飞行速度和承载能力。Al-Li 系合金还应用于军械和核反应堆用材、坦克装甲弹和其他兵器结构件。此外在汽车、机器人等领域也有充分的运用。

案例 1：飞机油箱常用退火态 5A05 铝合金制造。压力加工后焊接制成。质量轻，耐蚀性好。

案例 2：飞机蒙皮用 2A12 铝合金制造。压力成形后 495～503℃加热，水冷固溶处理后自然时效强化。$R_m=440MPa$，强度高。

(3) 铸造铝合金

铸造铝合金具有良好的铸造性能，可进行各种成形铸造，生成形状复杂的零件。其力学性能可通过变质处理和固溶时效强化热处理来提高。

铸造铝合金按加入主要合金元素的不同，分为 Al-Si 系、Al-Cu 系、Al-Mg 系和 Al-Zn 合金等。合金牌号用"铸造代号 Z＋Al 的元素符号＋合金元素符号及其平均质量分数（%）"表示。如 ZAlSi12 表示 $w_{Si}=12\%$ 的铸铝合金。合金代号用"铸铝"二字汉语拼音字首"ZL"＋三位数字表示。第一位数字表示合金系列，1 为 Al-Si 系，2 为 Al-Cu 系，3 为 Al-Mg 系，4 为 Al-Zn 系。第二、三位数字表示合金顺序号。如 ZL101 表示 1 号 Al-Si 系铸造铝合金，ZL202 表示 2 号 Al-Cu 系铸造铝合金。

表 5-1 变形铝合金的牌号、化学成分、力学性能及用途

类别	牌号（旧牌号）	主要化学成分（质量分数）/%						热处理状态	力学性能≥		用途
		Cu	Mg	Mn	Zn	其他	Al		σ_b/MPa	δ_5/%	
防锈铝合金	5A05 (LF5)	≤0.10	4.8~5.5	0.3~0.6	≤0.20	Si 0.50	余量	退火	265	15	中载零件、铆钉、焊接油箱、油管
	3A21 (LF21)	≤0.20	≤0.05	1.0~1.6	≤0.10	Si 0.60	余量	退火	≤165	20	管道、容器、油箱、铆钉及轻载零件及制品
硬铝合金	2A02 (LY2)	2.6~3.2	2.0~2.4	0.45~0.7	≤0.10	Si 0.30	余量	固溶处理+人工时效	430	10	200~300℃工作叶轮、锻件
	2A11 (LY11)	3.8~4.8	0.4~0.8	0.4~0.8	≤0.30	Si 0.70 Ni 0.10	余量	固溶处理+自然时效	390	8	中等强度构件和零件，如骨架、螺旋桨叶片、铆钉
	2A12 (LY12)	3.8~4.9	1.2~1.8	0.3~0.9	≤0.30	Si 0.50 Ni 0.10	余量	固溶处理+自然时效	440	8	高强度的构件及150℃以下工作的零件，如飞机骨架、梁、铆钉、蒙皮
超硬铝合金	7A04 (LC4)	1.4~2.0	1.8~2.8	0.2~0.6	5.0~7.0	Si 0.50 Cr 0.1~0.25	余量	固溶处理+人工时效	550	6	主要受力构件及高载荷零件，如飞机大梁、加强框、起落架
	7A09 (LC9)	1.2~2.0	2.0~3.0	≤0.15	5.1~6.1	Si 0.50 Cr 0.16~0.30	余量	固溶处理+人工时效	550	6	主要受力构件及高载荷零件，如飞机大梁、加强框、起落架
锻铝合金	2A50 (LD5)	1.8~2.6	0.4~0.8	0.4~0.8	≤0.30	Ni 0.10 Si 0.7~1.2	余量	固溶处理+人工时效	380	10	形状复杂和中等强度的锻件及模锻件
	2A70 (LD7)	1.9~2.5	1.4~1.8	≤0.20	≤0.30	Ti 0.02~0.1 Ni 0.9~1.5 Fe 0.9~1.5	余量	固溶处理+人工时效	355	8	高温下工作的复杂锻件和结构件、内燃机活塞、叶轮
	2A14 (LD10)	3.9~4.8	0.4~0.8	0.4~1.0	≤0.30	Si 0.6~1.2 Ti 0.15	余量	固溶处理+人工时效	460	8	高载荷锻件和模锻件

表 5-2 列出常用铸造铝合金的牌号、化学成分、力学性能和用途。

① Al-Si 铸造铝合金　Al-Si 铸造铝合金又称硅铝明，是铸造铝合金中品种最多、用量最大的一类合金。合金成分常在共晶点附近。熔点低，流动性好，具有优良的铸造性、焊接性和抗蚀性。广泛用于形状复杂的铸件，如壳体、缸体、箱体和框架等。有时添加适量的铜和镁，能提高合金的力学性能和耐热性。此类合金广泛用于制造活塞等部件，如 ZL109（ZAlSi12Cu1Mg1Ni1）。

$w_{Si}=10\%\sim13\%$ 的简单硅铝明 ZL102（ZAlSi12），铸造后几乎全部得到共晶体组织（α＋粗大针状 Si），所以强度、塑性都较差。因此生产上常采用钠盐混合物作为变质剂进行变质处理，以细化晶粒，提高强度和塑性。图 5-2 为铝硅合金变质处理前后的铸态组织。

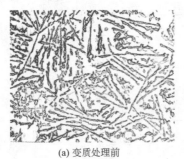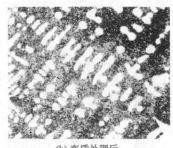

(a) 变质处理前　　　　　　　　　　(b) 变质处理后

图 5-2　ZL102 合金的铸态组织

② Al-Cu 铸造铝合金　Al-Cu 合金耐热性好，强度较高；但密度大，铸造性能、耐蚀性能差，强度低于 Al-Si 系合金。常用代号有 ZL201（ZAlCu5Mn），主要用于制造在较高温度下工作的高强零件，如内燃机汽缸头、汽车活塞等。ZL203（ZAlCu4）经固溶＋时效后，强度较高，可作结构件，铸造承受中等载荷和形状较简单的零件。

③ Al-Mg 铸造铝合金　铝镁合金是密度最小（2.55g/cm³）、强度最高（355MPa 左右）的铸造铝合金，在大气和海水中的抗腐蚀性能好，室温下有良好的综合力学性能和可切削性。常用代号有 ZL301（ZAlMg10）、ZL303（ZAlMg5Si1）等，主要用于制造外形简单、承受冲击载荷、在腐蚀性介质下工作的零件，如舰船配件、氨用泵体等。

④ Al-Zn 铸造铝合金　铝锌合金铸造性能好，强度较高，可自然时效强化；但密度大，耐蚀性较差，热裂倾向大。常用代号有 ZL401（ZAlZn11Si7）、ZL402（ZAlZn6Mg）等，主要用于制造形状复杂受力较小的汽车、飞机、仪器零件。

案例：汽车发动机缸盖用铝硅合金 ZL107。采用低压铸造，经固溶＋时效处理，$R_m=275MPa$，最后进行精加工。

表 5-2　常用铸造铝合金的主要牌号、化学成分、力学性能及用途

牌号 (代号)	化学成分/%						铸造方法与合金状态	力学性能			用途举例
	w_{Si}	w_{Cu}	w_{Mg}	w_{Mn}	$w_{其他}$	w_{Al}		R_m /MPa	A/%	HBW	
ZAlSi7Mg (ZL101)	6.0～ 7.5		0.25～ 0.45			余量	J，T5 S，T5	205 195	2 2	60 60	形状复杂的零件，如飞机、仪器的零件，抽水机壳体，工作温度不超过 185℃ 的汽化器等

牌号 （代号）	化学成分/%						铸造方法与 合金状态	力学性能			用途举例
	w_{Si}	w_{Cu}	w_{Mg}	w_{Mn}	$w_{其他}$	w_{Al}		R_m /MPa	A/%	HBW	
ZAlSi12 （ZL102）	10.0~ 13.0					余量	J SB,JB SB,JB,T2	155 145 135	2 4 4	50 50 50	形状复杂的零件，如仪表、抽水机壳体，工作在200℃以下，要求气密性承受低荷载的零件
ZAlSi5CuMg （ZL105）	4.5 ~5.5	1.0 ~1.5	0.4 ~0.6			余量	J,T5 S,T5 S,T6	235 195 225	0.5 1.0 0.5	70 70 70	形状复杂、在225℃以下工作的零件，如风冷发动机的气缸头、机匣、油泵壳体等
ZAlSi12Cu Mg1(ZL108)	11.0~ 13.0	1.0 ~2.0	0.4 ~1.0	0.3 ~0.9		余量	J,T1 J,T6	195 255		85 90	要求高温强度及低膨胀系数的高速内燃机活塞及其他耐热零件
ZAlSi9Cu2Mg （ZL111）	8.0 ~10.0	1.3 ~1.8	0.4 ~0.6	0.10 ~0.35	Ti: 0.10 ~0.35	余量	SB,T6 J,T6	255 315	1.5 2	90 100	250℃以下工作的承受重载的气密零件，如大功率柴油机汽缸体、活塞等
ZAlCu5Mn （ZL201）		4.5 ~5.3		0.6 ~1.0	Ti: 0.15 ~0.35	余量	S,T4 S,T5	295 335	8 4	70 90	在175~300℃以下工作的零件，如支臂、挂架梁、内燃机汽缸头、活塞等
ZAlCu4 （ZL203）		4.0 ~5.0				余量	J,T4 J,T5	205 225	6 3	60 70	中等载荷、形状较简单的零件，如托架和工作温度＜200℃并要求切削性好的小零件
ZAlMg10 （ZL301）			9.5 ~11.0			余量	S,T4	280	10	60	在大气或海水中的零件，承受大振动载荷，工作温度不超过150℃的零件
ZAlMg5Si （ZL303）	0.8 ~1.3		4.5 ~5.5	0.1 ~0.4		余量	S,J	145	1	55	腐蚀介质、中等载荷零件，在严寒大气中及工作温度＜200℃的零件，如海轮配件和各种壳体
ZAlZn11Si （ZL201）	6.0 ~8.0		0.1 ~0.3		Zn: 9.0 ~13.0	余量	J,T1 S,T1	245 195	1.5 2	90 80	工作温度不超过200℃、结构形状复杂的汽车、飞机零件，也可制作日用品

注：铸造方法与合金状态：S—砂型铸造；J—金属型铸造；B—变质处理；T1—人工时效；T2—退火；T4—固溶处理＋自然处理；T5—固溶处理＋不完全处理；T6—固溶处理＋完全人工时效。

《《《 5.2 铜及铜合金 》》》

　　铜是人类最早使用的金属。铜及铜合金具有优良的导电性、导热性、耐蚀性和良好的工艺性能，在电气、仪表、造船及机械制造业中得到了广泛的应用。

5.2.1　纯铜

纯铜呈玫瑰红色，表面形成氧化膜后呈紫色，故称紫铜。纯铜的密度为 $8.9g/cm^3$，熔点 1083℃，无同素异晶转变，无磁性。纯铜导电、导热性能好，仅次于银，故常用于制作导线、散热器及冷凝器等。纯铜的结构为面心立方晶格，有优良的热加工、冷加工性能。纯铜化学稳定性高，在大气、淡水中有良好的抗蚀性，但在氨盐、氯盐及氧化性的硝酸、浓硫酸中耐蚀性很差。

工业纯铜中常含有锡、铋、氧、硫、磷等杂质，它们都使铜的导电能力下降。根据杂质的含量，工业纯铜可分为四种：T1、T2、T3、T4。"T"为铜的汉语拼音字头，编号越大，纯度越低。由于工业纯铜强度低，一般不做结构部件，主要用做铜合金的原料、导线、冷凝器部件等。

5.2.2　铜合金

铜合金是指以铜为基体，加入合金元素形成的合金。常用的铜合金有黄铜、青铜和白铜等。其中黄铜和青铜应用较广。

(1) 黄铜

以锌为主要合金元素的铜合金称为黄铜。黄铜具有良好的塑性和耐腐蚀性，良好的变形加工性能和铸造性能，在工业中有很强的应用价值。按化学成分的不同，可分为普通黄铜和特殊黄铜。

① 普通黄铜　铜锌二元合金称为普通黄铜。普通黄铜色泽美观，具有良好的耐蚀性，而且加工性能较好。

黄铜的锌质量分数对其力学性能有很大的影响。当 $w_{Zn}<39\%$ 时，Zn 完全溶于 Cu 中形成单相 α 固溶体，称为单相黄铜。其塑性很好，适宜于冷、热压力加工。当 $w_{Zn}>39\%$ 时，形成 $\alpha+\beta'$ 双相组织，称为双相黄铜。其强度随锌质量分数的增加而升高，只适宜热压力加工。当 $w_{Zn}>45\%$ 后，强度、塑性急剧下降，脆性很大，无实用意义。

常用的单相黄铜牌号有 H80、H70、H68 等，"H"为黄铜的汉语拼音字首，数字表示平均含质量分数。适于制作冷轧板材、冷拉线材、管材及形状复杂的深冲零件，如弹壳。

常用双相黄铜的牌号有 H62、H59 等，通常热轧成棒材、板材，再经机加工制造各种零件。

② 特殊黄铜　为了获得更高的强度、抗蚀性和良好的铸造性能，在铜锌合金中加入其他合金元素，形成具有某种性能优势的特殊黄铜。如加 Sn 可提高耐蚀性，加 Pb 可改善切削加工性和提高耐磨性，加 Al、Ni、Mn、Si 可提高强度、改善耐蚀性。

特殊黄铜的编号方法是："H+主加元素符号+铜质量分数+主加元素质量分数"。特殊黄铜可分为压力加工黄铜（以黄铜加工产品供应）和铸造黄铜两类，其中铸造黄铜在编号前加 "Z"。例如：HPb60-1 表示 $w_{Cu}=60\%$，$w_{Pb}=1\%$，余 为 Zn 的铅黄铜；

ZCuZn31Al2 表示 $w_{Zn}=31\%$，$w_{Al}=2\%$，余为 Cu 的铝黄铜。

表 5-3 是常用黄铜的牌号、成分、性能和用途。

表 5-3　常用黄铜的牌号、成分、性能和用途

组别	牌号（代号）	化学成分/%		力学性能			主要用途
		w_{Cu}	$w_{其他}$	R_m/MPa	A/%	HBW	
普通黄铜	H90	88.0~91.0	余量 Zn	$\dfrac{245}{392}$	$\dfrac{35}{3}$	—	双金属片、供水和排水管、证章、艺术品（又称金色黄铜）
	H68	67.0~70.0	余量 Zn	$\dfrac{294}{392}$	$\dfrac{40}{13}$	—	复杂的冷冲压件、散热器外壳、弹壳、导管、波纹管、轴套
	H62	60.5~63.5	余量 Zn	$\dfrac{294}{412}$	$\dfrac{40}{10}$	—	销钉、铆钉、螺钉、螺母、垫圈、弹簧、夹线板
	ZCuZn38	60.0~63.0	余量 Zn	$\dfrac{295}{295}$	$\dfrac{30}{30}$	$\dfrac{59}{68.5}$	一般结构件如散热器、螺钉、支架等
特殊黄铜	HSn62-1	61.0~63.0	0.7~1.1Sn 余量 Zn	$\dfrac{249}{392}$	$\dfrac{35}{5}$	—	与海水和汽油接触的船舶零件（又称海军黄铜）
	HSi80-3	79.0~81.0	2.5~4.5Si 余量 Zn	$\dfrac{300}{350}$	$\dfrac{15}{20}$	—	船舶零件，在海水、淡水和蒸汽（<265℃）条件下工作的零件
	HMn58-2	57.0~60.0	1.0~2.0Mn 余量 Zn	$\dfrac{382}{588}$	$\dfrac{30}{3}$	—	海轮制造业和弱电用零件
	HPb59-1	57.0~60.0	0.8~1.9Pb 余量 Zn	$\dfrac{343}{441}$	$\dfrac{25}{5}$	—	热冲压及切削加工零件，如销、螺钉、螺母、轴套（又称易削黄铜）
	ZCuZn40Mn3Fe1	53.0~58.0	3.0~4.0Mn 0.5~1.5Fe 余量 Zn	$\dfrac{400}{490}$	$\dfrac{18}{15}$	$\dfrac{98}{108}$	轮廓不复杂的重要零件，海轮上在 300℃ 以下工作的管配件，螺旋桨等大型铸件
	ZCuZn25Al6Fe3Mn3	60.0~66.0	4.5~7Al 2~4Fe 1.5~4.0Mn 余量 Zn	$\dfrac{725}{745}$	$\dfrac{7}{7}$	$\dfrac{166.5}{166.5}$	要求强度耐蚀零件如压紧螺母、重型蜗杆、轴承、衬套

（2）青铜

除黄铜、白铜之外的铜合金统称青铜，它是 Sn、Al、Be、Si、Mn、Cr、Cd、Zr、Ti 等与铜组成的铜合金。常见的青铜有锡青铜、铝青铜、铍青铜等。青铜也可分为压力加工青铜（以青铜加工产品供应）和铸造青铜两类。青铜的编号方法是：Q＋主加元素符号＋主加元素质量分数＋其他元素质量分数。如 QSn4-3 表示 $w_{Sn}=4\%$、$w_{Zn}=3\%$、其余为铜的锡青铜。铸造青铜的编号与铸造黄铜相同。

① 锡青铜　以锡为主加元素的铜合金称为锡青铜，它是我国历史上使用得最早的有色合金，也是最常用的有色合金之一。$w_{Sn}<5\%$ 的锡青铜适宜于冷加工使用，$w_{Sn}=5\%\sim7\%$ 的锡青铜适宜于热加工，$w_{Sn}>10\%$ 的锡青铜适合铸造。

锡青铜的铸造收缩率小，可铸造形状复杂的零件。锡青铜在大气、海水、淡水及无机盐溶液中的耐蚀性比纯铜和黄铜好，但在硫酸、盐酸和氨水中的耐蚀性较差。锡青铜中加入少量的 Pb 能改善耐磨性能和切削加工性能；加入 Ni 能细化晶粒，提高力学性能和耐蚀性；加入 P 能提高韧性、硬度、耐磨性和流动性。

锡青铜在化工、机械、造船、仪表等工业中广泛应用，主要制造轴承、轴套、齿轮

轴、蜗轮等耐磨零件和弹簧等弹性元件，以及抗蚀、抗磁零件等。

②铝青铜　以铝为主要合金元素的铜合金称为铝青铜，其铝的质量分数为5%～12%。铝青铜不仅价格便宜，且比黄铜和锡青铜具有更好的抗蚀性、耐磨性和耐热性，但铸造性能、切削性能较差，难于钎焊，在过热蒸汽中不稳定。常用来制造受重载的耐磨、耐蚀和弹性零件，如齿轮、蜗轮、轴套、弹簧等。

③铍青铜　以铍为合金化元素的铜合金称为铍青铜。它是极其珍贵的金属材料，热处理强化后的抗拉强度可高达1250～1500MPa，硬度可达350～400HBS，远远超过任何铜合金，可与高强度合金钢媲美。铍青铜的铍质量分数在1.7%～2.5%之间，铍溶于铜中形成α固溶体，固溶度随温度变化很大，它是唯一可以固溶时效强化的铜合金，经过固溶处理和人工时效后，可以得到很高的强度和硬度。

铍青铜具有很高的弹性极限、疲劳强度、耐磨性和抗蚀性，导电、导热性极好，并且耐热、无磁性，受冲击时不发生火花。因此铍青铜常用来制造各种重要弹性元件，耐磨零件（钟表齿轮，高温、高压、高速下的轴承）及防爆工具等。但铍是稀有金属，价格昂贵，在使用上受到限制。

表5-4为各种青铜的牌号、化学成分、力学性能和用途。

表5-4　常用青铜的牌号、化学成分、力学性能及用途

类别	代号或牌号	化学成分/%		力学性能			主要用途
		第一主加元素 w_B	$w_{其他}$	R_m/MPa	A/%	HBW	
加工锡青铜	QSn4-3	Sn 3.5～4.5	Zn 2.7～3.3 余量 Cu	$\frac{294}{490\sim687}$	$\frac{40}{3}$	—	弹性元件、管配件、化工机械中耐磨零件及抗磁零件
	QSn6.5-0.1	Sn 6.0～7.0	P 0.1～0.25 余量 Cu	$\frac{294}{490\sim687}$	$\frac{40}{5}$	—	弹簧、接触片、振动片、精密仪器中的耐磨零件
铸造锡青铜	ZCuSn10P1	Sn 9.0～11.5	P 0.5～1.0 余量 Cu	$\frac{220}{310}$	$\frac{3}{2}$	$\frac{78}{88}$	重要的减摩零件，如轴承、轴套、蜗轮、摩擦轮、机床丝杠螺母
	ZCuSn5Pb5Zn5	Sn 4.0～6.0	Zn 4.0～6.0 P 4.0～6.0 余量 Cu	$\frac{200}{200}$	$\frac{13}{13}$	$\frac{59}{59}$	低速、中载荷的轴承、轴套及蜗轮等耐磨零件
加工铝青铜	QAl7	Al 6.0～8.0	—	$\frac{-}{637}$	$\frac{-}{5}$	—	重要用途的弹簧和弹性元件
铸造铝青铜	ZCuAl10Fe3	Al 8.5～11.0	Fe 2.0～4.0 余量 Cu	$\frac{490}{540}$	$\frac{13}{15}$	$\frac{98}{108}$	耐磨零件（压下螺母、轴承、蜗轮、齿圈）及在蒸汽、海水中工作的高强度耐蚀件
铸造铅青铜	ZCuPb30	Pb 27.0～33.0	余量 Cu	—	—	$\frac{-}{24.5}$	大功率航空发动机、柴油机曲轴及连杆的轴承、齿轮、轴套
加工铍青铜	QBe2	Be 1.8～2.1	Ni 0.2～0.5 余量 Cu	—	—	—	重要的弹簧与弹性元件，耐磨零件以及在高速、高压和高温下工作的轴承

(3) 白铜

以镍为主要合金元素的铜合金为白铜。普通白铜仅含铜镍元素，特殊白铜除铜镍元素外，还含锌、锰、铁等元素，分别称其为锌白铜、锰白铜、铁白铜等。

普通白铜编号为"B+镍的质量分数"。如 B19，表示 $w_{Ni}=19\%$ 的普通白铜。特殊白铜编号为"B+其他元素符号+镍的质量分数+其他元素的质量分数"。如 BZn15-20 表示 $w_{Ni}=15\%$，$w_{Zn}=20\%$ 的锌白铜。

普通白铜具有较高的耐蚀性和抗腐蚀疲劳性能及优良的冷热加工性能。常用牌号有 B5、B19 等，用于在蒸汽和海水环境下工作的精密机械，仪表零件及冷凝器、蒸馏器、热交换器等。特殊白铜耐蚀性、强度和塑性高，成本低。常用牌号如 BMn40-1.5（康铜）、BMn43-0.5（考铜）。用于制造精密机械、仪表零件及医疗器械等。部分白铜牌号、成分、性能见表 5-5。

表 5-5 部分加工白铜的牌号、化学成分、力学性能及用途

| 组别 | 牌号 | 化学成分（质量分数）/% | | | | 板材力学性能（不小于） | | | 用途 |
		Ni（+Co）	Mn	Zn	Cu	加工状态	R_m/MPa	A/%	
普通白铜	B19	18.0～20.0	0.5	0.3	余量	M	290	25	船舶仪器零件、化工机械零件
						Y	390	3	
	B5	4.4～5.0	—	—	余量	M	215	30	
						Y	370	10	
锌白铜	BZn15-20	13.5～16.5	0.3	余量	62.0～65.0	M	340	35	潮湿条件下和强腐蚀介质中工作的仪表零件
						Y	540～690	1.5	
锰白铜	BMn3-12	2.0～3.5	11.5～13.5		余量	M	350	25	弹簧
	BMn40-1.5	39.0～41.0	1.0～2.0		余量	M	390～590		热电偶丝
						Y	590		

《《《 5.3 钛及钛合金 》》》

钛是 20 世纪 50 年代发展起来的一种重要的结构金属，钛合金因具有比强度高、耐蚀性好、耐热性高等特点，在航空、航天、化工、能源、造船、医疗保健和国防等部门广泛使用。

5.3.1 纯钛

纯钛是灰白色金属，密度小（4.507g/cm³），熔点高（1688℃），在 882.5℃发生同素

异构转变 α-Ti → β-Ti，β-Ti 存在于 882.5℃ 以上，具有体心立方结构；α-Ti 存在于 882.5℃ 以下，具有密排六方结构。

纯钛的强度低、塑性好，易于冷加工成形，其退火状态的力学性能与纯铁相近。但钛的比强度高，低温韧性好，在 -253℃（液氮温度）下仍具有较好的综合力学性能。钛的耐蚀性好，其抗氧化能力优于大多数奥氏体不锈钢。

工业纯钛常用于制作 350℃ 以下工作、强度要求不高的零件及冲压件，如热交换器、海水净化装置，石油工业中的阀门等。

5.3.2 钛合金

在纯钛中加入 Al、Mo、Cr、Sn、Mn 和 V 等元素形成钛合金。根据使用状态的组织，将钛合金分为三类：α 钛合金、β 钛合金、$\alpha+\beta$ 钛合金。牌号分别用 TA、TB、TC 加顺序号，如 TA5、TB2、TC4 等。常用工业纯钛及钛合金的牌号、化学成分、力学性能和用途如表 5-6 所示。

（1） α 钛合金

它是 α 相固溶体组成的单相合金，不论是在一般温度下还是在较高的实际应用温度下，均是 α 相，组织稳定，耐磨性高于纯钛，抗氧化能力强。在 500～600℃ 的温度下，仍保持其强度和抗蠕变性能，但不能进行热处理强化，室温强度不高。

α 钛合金典型的牌号是 TA7，成分为 Ti-5Al-2.5Sn。主要用于制造 500℃ 以下工作的零件，如导弹的燃料罐、超音速飞机的蜗轮机匣及飞船上的高压低温容器等。

（2） β 钛合金

它是 β 相固溶体组成的单相合金，未热处理即具有较高的强度，淬火、时效后合金得到进一步强化，室温强度可达 1372～1666MPa；但热稳定性较差，不宜在高温下使用。

β 钛合金典型的牌号是 TB2，成分为 Ti-5Mo-5V-8Cr-3Al。主要用于 350℃ 以下工作的结构件和紧固件，如飞机压气机叶片、轴、弹簧、轮盘等。

（3） $\alpha+\beta$ 钛合金

它是双相合金，具有良好的综合性能，组织稳定性好，有良好的韧性、塑性和高温变形性能，能较好地进行热压力加工，能进行淬火、时效使合金强化。热处理后的强度约比退火状态提高 50%～100%；高温强度高，可在 400～500℃ 的温度下长期工作，其热稳定性次于 α 钛合金。

TC4 是典型的 $\alpha+\beta$ 钛合金，其成分表示为 Ti-6Al-4V。适于制造 400℃ 以下和低温以下工作的零件，如火箭发动机外壳、火箭和导弹的液氢燃料箱部件等。

表 5-6 常用工业纯钛和钛合金的牌号、化学成分、力学性能及用途

组别	牌号	化学成分（质量分数）/%		热处理	室温力学性能				高温力学性能			用途
					R_m/MPa	$R_{p0.2}$/MPa	$A/\%$	$Z/\%$	试验温度/℃	R_m/MPa	σ_{100h}/MPa	
工业纯钛	TA1	Ti(杂质极微)		退火	240	140	24	30				在350℃以下工作、强度要求不高的零件、飞机骨架、蒙皮、船用阀门、管道、化工用泵、叶轮
	TA2	Ti(杂质微)		退火	400	275	20	30				
	TA3	Ti(杂质微)		退火	500	380	18	30				
α钛合金	TA4	Ti(杂质微)		退火	580	485	15	25				在500℃以下工作的零件、导弹燃料罐、超音速飞机的涡轮机匣、压气机叶片
	TA5	Ti-4 Al-0.005B	Al 3.3~4.7 B 0.005	退火	685	585	15	40				
	TA6	Ti-5Al	Al 4.0~5.5	退火	685	585	10	27	350	420	390	
β钛合金	TB2	Ti-5 Mo-5V-8Cr-3Al	Mo 4.7~5.7 V 4.7~5.7 Cr 7.5~8.5 Al 2.5~3.5	淬火	≤980	820	18	40				
				淬火+时效	1370	1100	7	10				
α+β钛合金	TC1	Ti-2 Al-1.5Mn	Al 1.0~2.5 Mn 0.7~2.0	退火	585	460	15	30	350	345	325	在400℃以下工作的零件、有一定高温强度的发动机零件、低温用部件、容器、泵、舰船耐压壳体
	TC2	Ti-4 Al-1.5Mn	Al 3.5~5.0 Mn 0.8~2.0	退火	685	560	12	30	350	420	390	
	TC3	Ti-5 Al-4V	Al 4.5~6.0 V 3.5~4.5	退火	800	700	10	25				
	TC4	Ti-6 Al-4V	Al 5.5~6.75 V 3.5~4.5	退火	895	825	10	25	400	620	570	

《《 5.4 镁及镁合金 》》

5.4.1 纯镁

镁是地壳中储量最丰富的金属之一，储量占地壳质量的 2.5%，仅次于铝和铁。镁的密度仅为 $1.74g/cm^3$。其熔点为 651℃。

镁抗蚀能力差，在大气、淡水及大多数酸、盐介质中易受腐蚀。镁的化学活性很高，在空气中极易氧化，形成的氧化膜疏松多孔，不能起到保护作用。

纯镁强度低，因而不能直接用作结构材料。主要用作制造镁合金的原料，化工及冶金生产的还原剂及烟火工业等。

5.4.2 镁合金

镁合金是目前工业应用中最轻的工程材料。比重轻，且力学性能与一般铝合金基本相当，但比强度明显高于铝合金和钢，更远远高于工程塑料。被誉为"21世纪的绿色工程结构材料"。镁合金的性能特点如下。

① 重量轻。镁合金的密度为 $1.74\sim1.85g/cm^3$，约比铝合金轻 36%，比锌合金轻 73%，仅为常用碳钢的 1/4 左右。在同样的刚性条件下，1kg 镁合金的坚固度相当于 18kg 的铝或 2.1kg 的钢。这一特性对于现代社会的手提类产品减轻重量、车辆减少能耗具有非常重要的意义。

② 比强度和比刚度高。镁合金的比强度明显高于铝合金和钢，比刚度与铝合金和钢相当，而远远高于工程塑料，为一般塑料的 10 倍。加之镁合金的质轻，对同样强度的零部件，镁合金的能做得比塑料的薄而轻。

③ 抗震、阻尼性能好。镁合金的弹性模量小而抗震系数大，因而冲击能量的吸收性能好；在相同载荷下，减振性是铝的 100 倍、钛合金的 $300\sim500$ 倍，故在驱动和传动部件上大量运用。

④ 良好的电磁屏蔽性能。镁合金具有优于铝合金的磁屏蔽性能、更良好的阻隔电磁波功能，更适合于制作发出电磁干扰的电子产品。可以用作计算机、手机等产品的外壳，以降低电磁波对人体辐射危害。

⑤ 切削加工性好。镁合金的切削阻力小，约为钢铁的 1/10，铝合金的 1/3，其切削速度大大高于其他金属，切削加工时间短；工具使用寿命长，比其他金属有高出几倍的刀具寿命。

⑥ 优良的环保性能。镁合金铸件废弃后，可以直接回收再利用，只要花相当于新料价格 4% 的费用，就可将镁合金制品及废料回收利用。因而具有良好的环保性。

⑦ 耐蚀性差。镁合金使用时要采取防护措施。如阳极氧化，涂漆保护等。

表 5-7 部分镁合金的牌号、化学成分、力学性能及应用

类别	合金组别	牌号	旧牌号	化学成分（质量分数）/%				加工状态	棒材力学性能≥			应用
				Al	Zn	Mn	其他		R_m/MPa	$R_{p0.2}$/MPa	A/%	
变形镁合金	MgAlZn	AZ40M	MB2	3.0~4.0	0.2~0.8	0.15~0.50		热成形	245		5	中等负荷结构件、锻件
		AZ61M	MB5	5.5~7.0	0.5~1.5	0.15~0.50		热成形	260	170	15	大负荷结构件
		AZ80M	MB7	7.8~9.2	0.2~0.8	0.15~0.5		热成形	330	230	11	
	MgZnRE	ME20M	MB8	≤0.20	≤0.30	1.3~2.2	Ce 0.15~0.35	热成形	195		2	飞机部件
	MgZnZr	ZK61M	MB15	≤0.05	5.0~6.0	≤0.1	Zr 0.3~0.9	热成形+时效	305	235	6	高载荷、高强度飞机锻件、机翼长桁
铸造镁合金	MgZnZr	ZMgZn5Zr	ZM1		3.5~5.5		Zr 0.5~1.0	人工时效	235	140	5	抗冲击零件、飞机起落架轮子的轮毂
	MgREZnZr	ZMgRE3Zn2Zr	ZM4		2.0~3.0		Zr 0.5~1.0 RE 2.5~4.0	人工时效	140	95	2	高气密零件、仪表壳体
	MgAlZn	ZMgAl8Zn	ZM5	7.5~9.0	0.2~0.8	0.15~0.50		固溶处理+人工时效	230	100	2	中等负荷零件、飞机机翼助、机匣、导弹部件

镁合金的优异性能使其在汽车、航空、家电、计算机、通信等领域具有良好的应用前景。在很多情况下，镁合金已经或正在取代工程塑料和其他金属材料，如笔记本外壳、手机外壳、汽车轮毂、座椅框架、仪表盘等。

镁合金分为变形镁合金与铸造镁合金两大类。镁合金中主要合金元素有 Al、Zn、Mn、Zr、稀土元素（Re）等。我国镁合金新牌号中前两个字母代表合金的两种主要合金元素（如 A、K、M、Z、E、H 分别代表 Al、Zn、Mn、Zr、稀土和 Th），其后的数字表示这两种元素的质量分数，最后的字母用来标示该合金成分经过微量调整。

表 5-7 列出几种常用镁合金的牌号、成分、力学性能和用途。

<< **5.5 滑动轴承合金** >>

滑动轴承是支承轴颈和其他转动和摆动的支承件，一般由轴承体和轴瓦构成。由于滑动轴承具有承压面积大，工作平稳，无噪声，维修更换方便等优点，因此常用于重载、高速的场合，如汽车发动机轴承、磨床轴承、连杆轴承等。

5.5.1 性能要求与组织特征

滑动轴承由轴承体和轴瓦构成，轴瓦直接与轴颈接触，当轴旋转时，不可避免地会产生相互摩擦和磨损。因此滑动轴承应具有以下性能：

① 足够的强度和硬度，以承受轴颈较大的压力；

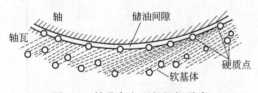

图 5-3　轴承合金理想组织示意

② 足够的塑性和韧性，较高的抗疲劳强度，以承受轴颈周期性载荷，并抵抗冲击和振动；

③ 高的耐磨性和小的摩擦系数，并能储存润滑油；

④ 良好的磨合性，使其与轴能较快地紧密配合；

⑤ 良好的耐蚀性和耐热性，较小的膨胀系数，防止摩擦升温而发生咬合。

为满足上述性能要求，滑动轴承合金应具备软硬兼备的理想的组织：软基体和均匀分布的硬质点，硬基体上分布着软质点。轴承在工作时，软的组织首先被磨损下凹，可储存润滑油，形成连续分布的油膜，硬的组成部分则起着支承轴颈的作用，如图 5-3 所示。这样，轴承与轴颈的实际接触面积大大减少，使轴承的摩擦减少。

5.5.2 常用轴承合金

（1）锡基轴承合金

锡基轴承合金是以锡为基础，加入锑、铜等元素组成的合金。其优点是具有良好的塑性、导热性和耐蚀性，而且摩擦系数和膨胀系数小，适合于制作重要轴承，如汽轮机、发动机和压气机等大型机器的低速轴瓦。缺点是疲劳强度低，工作温度较低（不高于150℃），这种轴承合金价最较贵。典型牌号是 ZSnSb11Cu6。

（2）铅基轴承合金

铅基轴承合金是以铅为基体，加入锑、锡、铜等合金元素组成的合金。铅基轴承合金的强度、硬度、导热性和耐蚀性均比锡基轴承合金低，而且摩擦系数较大，但价格便宜。适合于制造中、低载荷的轴瓦，如汽车、拖拉机曲轴轴承、铁路车辆轴承等。典型牌号是 ZPbSb16Sn16Cu2。

（3）铜基轴承合金

铜基轴承合金通常有锡青铜与铅青铜。铜基轴承合金具有高的疲劳强度和承载能力，优良的耐磨性，良好的导热性，摩擦系数低，能在 250℃ 以下正常工作。适合于制造高速、重载下工作的轴承，如高速柴油机、航空发动机轴承等。典型牌号是 ZCuPb30。

（4）铝基轴承合金

铝基轴承合金是以铝为基础，加入锡等元素组成的合金。这种合金的优点是导热性、耐蚀性、疲劳强度和高温强度均高，而且价格便宜。缺点是膨胀系数较大，抗咬合性差。目前以高锡铝基轴承合金应用最广泛。适合于制造高速（13m/s）、重载（3200MPa）的发动机轴承。如 ZAlSn6Cu1P1。

部分常用轴承合金的牌号、成分、性能和用途见表 5-8。

表 5-8　部分常用轴承合金的牌号、成分、性能和用途

类别	牌号	化学成分/%					力学性能			用途举例
		w_{Fb}	w_{Cu}	w_{Pb}	w_{Sn}	$w_{杂质}$	R_m/MPa	A/%	HBW	
锡基	ZSuSb12Pb10Cu4	11.0~13.0	2.5~5.0	9.0~11.0	余量	0.55			≥29	一般发动机的主轴轴承，但不适于高温工作
	ZSbSnSb11Cu6	10.0~12.0	5.5~6.5	0.35	余量	0.55	≥90	≥6.0	≥27	1500kW 以上的高度蒸汽机、370kW 的蜗轮压缩机用的轴承
	ZSnSb8Cu4	7.0~8.0	3.0~4.0	0.35	余量	0.55	≥80	≥10.6	≥24	一般大机器轴承及轴衬，重载、高速汽车发动机、薄壁双金属轴承
铅基	ZPbSb16Sn16Cu2	15.0~17.0	1.5~2.0	余量	15.0~17.0	0.6	≥78	≥0.2	≥30	工作温度<120℃、无显著冲击载荷、重载高速轴承
	ZPbSb15Sn5Cu3Cd2	14.0~16.0	2.5~3.0	w_{Cd}: 1.75~2.25 w_{As}: 0.6~1.0 w_{Pb}: 余量	5.0~6.0	0.4	≥68	≥0.2	≥32	船舶机械，小于 250kW 的电动机轴承
铜基	ZCuPb30	0.20	余量	27.0~33.0	1.0	1.0			≥25	高速高压航空发动机，高压柴油机轴承

≪ 5.6 硬质合金 ≫

硬质合金是指以一种或几种难熔碳化物（如碳化钨、碳化钛等）的粉末为主要成分，加入起黏结作用的金属钴粉末，通过加压成形，并经烧结而得到的一种粉末冶金材料。

5.6.1 硬质合金的性能特点

硬质合金具有硬度高（69～81HRC），热硬性好（可在 900～1000℃保持 60HRC），耐磨性好等性能特点。硬质合金刀具比高速钢切削速度高 4～7 倍，刀具寿命高 5～80 倍。制造模具、量具，寿命比合金工具钢高 20～150 倍。可切削 50HRC 左右的硬质材料。但硬质合金脆性大，不能进行切削加工制成形状复杂的整体刀具，因而常制成不同形状的刀片，采用焊接、粘接、机械夹持等方法安装在刀体或模具上使用。

在硬质合金组成中，碳化物是合金的骨架，起坚硬和耐磨的作用。钴起黏结作用，并提高韧性。碳化钛的加入，可使合金具有较高的热硬性。

5.6.2 常用硬质合金

（1）常用硬质合金的分类和牌号

常用的硬质合金可分为钨钴类硬质合金、钨钴钛类硬质合金和通用硬质合金三类。

① 钨钴类硬质合金　主要成分是碳化钨（WC）和黏结剂钴（Co）。

其牌号用"YG"（"硬、钴"两字汉语拼音字首）和平均含钴量的百分数组成。例如，YG8 表示 $w_{Co} = 8\%$，其余为碳化钨的钨钴类硬质合金。

② 钨钴钛类硬质合金　主要成分是碳化钨、碳化钛（TiC）和钴　其牌号用"YT"（"硬、钛"两字汉语拼音字首）和碳化钛的平均百分含量组成。例如，YT15 表示 $w_{TiC} = 15\%$，其余为碳化钨和钴的钨钴钛类硬质合金。

③ 通用硬质合金（又称万能硬质合金）　主要成分是碳化钨、碳化钛、碳化钽（TaC）［或碳化铌（NbC）］和钴。

其牌号用"YW"（"硬、万"两字汉语拼音字首）加顺序号组成。例如，YW1。

（2）常用硬质合金的化学成分、性能与应用

① 钨钴类硬质合金　合金中碳化钨含量较高，黏结剂含量较低时，其硬度较高，抗弯强度则较低；反之，则硬度较低，抗弯强度则较高。因而，YG15 能承受较大的冲击载荷，适用于粗加工；而 YG3 则适于精加工。

② 钨钴钛类硬质合金　这类合金因加入碳化钛，提高了硬度和耐热性。含碳化钛越

多，钴越少，则合金的硬度、耐磨性和耐热性越好，而抗弯强度就越差。因此，碳化钛含量较少的 YT5 适用于粗加工，而碳化钛量较高的 YT30 只能用于精加工。

③ 通用硬质合金（又称万能硬质合金）　因加入碳化钽，显著提高了合金的硬度、耐磨性、耐热性和抗氧化的能力。可用来加工铸铁、耐热钢、高锰钢、高级合金钢等难以加工的材料和有色金属。

常用硬质合金牌号、主要化学成分、性能及用途见表 5-9。

表 5-9　常用硬质合金牌号、主要化学成分、性能及适用范围

类别	牌号	主要化学成分/%（质量）				力学性能		适用范围
		WC	TiC	TaC	Co	HBA	σ_b/MPa	
							≥	
钨钴类	YG3X	96.5		<0.5	3	91.5	1079	铸铁、有色金属的精车
	YG6	94.0			6	89.5	1422	铸铁、有色金属的精车
	YG8C	92.0			8	88.0	1716	冲击钻头、冲压模具、刨刀
	YG15	85.0			15	87.0	2100	较大应力的穿空及冲压
钨钛钴类	YT5	85.0	5		10	89.5	1373	碳钢、合金钢表面粗加工
	YT15	79.0	15		6	91.0	1150	碳钢，合金钢的半精加工
	YT30	66.0	30		4	92.5	883	碳钢，合金钢的精加工
通用硬质合金	YW1	84～85	6	3～4	6	91.5	1177	难加工钢材的精加工
	YW2	82～83	6	3～4	8	90.5	1324	难加工钢材的半精加工

习题与思考题

1. 铝合金性能有哪些特点？铝合金可以分为哪几类？

2. 硬铝合金热处理有何特点？实际操作要注意哪些问题？

3. 什么是硅铝明？为什么说它具有良好的铸造性能？硅铝明采用变质处理的目的是什么？

4. 铜合金性能有哪些特点？铜合金可以分为哪几类？

5. 滑动轴承合金的工作条件和必备的性能如何？

6. 钛合金有哪几种类型？试举例说明其性能与用途。

7. 指出下列合金的种类和用途。

5A05、2A11、7A04、ZL102、H68、ZCuSn10P1、TC4、ZSnSb11Cu6

第6章

非金属材料 >>>

机械工程材料主要以金属材料为主，但金属材料也存在密度大、耐腐蚀性差、电绝缘性不好等缺点。非金属材料与金属材料相比，自然资源丰富，成型工艺简单、多样，具有金属材料所不及的某些特殊性能，并已经成为机械工程材料中独立的组成部分，应用十分广泛。常用的非金属材料包括高分子材料和陶瓷材料；复合材料也已成为独特的功能材料。

<<< 6.1 高分子材料 >>>

高分子材料主要由高分子化合物构成，高分子化合物分子量一般大于5000，低分子化合物分子量一般小于1000。合成高分子化合物一般是由一种或几种简单的低分子化合物通过聚合反应连接而成，因此也叫聚合物或高聚物。高分子化合物分为有机和无机高分子化合物（如石棉、云母等）两大类；有机高分子化合物又分为天然和人工合成两种。机械工程中使用的高分子材料，如塑料、合成橡胶、涂料、合成纤维和胶黏剂等均为人工合成。

6.1.1 工程塑料

塑料是以合成树脂高分子化合物为主要成分，加入某些添加剂并在一定温度、压力下塑制成型的材料和制品的总称。树脂的种类、性能、数量决定了塑料的性能，因此塑料基本上是以树脂的名称命名的，如聚氯乙烯塑料就是以聚氯乙烯树脂命名的。添加剂种类较多，有填料、增塑剂、固化剂、润滑剂、稳定剂、着色剂、发泡剂、催化剂、阻燃剂、抗静电剂等。

按树脂受热时的行为，塑料可分为热塑性塑料和热固性塑料。热塑性塑料指在特定的温度范围内，能反复加热软化和冷却变硬的塑料（如聚乙烯、聚丙烯、聚甲醛、丙烯腈-丁二烯-苯乙烯、聚碳酸酯等），可以回收再利用；热固性塑料指受热后成为不熔的物质，再次受热不再具有可塑性且不能回收再利用的塑料（如酚醛树脂、环氧树脂、氨基树脂、聚氨酯、发泡聚苯乙烯等）。

按使用范围，塑料可分为通用塑料、工程塑料和特种塑料。通用塑料主要包括聚乙烯、聚氯乙烯、聚苯乙烯、聚丙烯、酚醛塑料和氨基塑料等，价格低、用量广，约占塑料总产量的 3/4 以上；工程塑料是指在工程中用作结构材料的塑料，主要由聚酰胺、聚甲醛、聚碳酸酯、ABS 塑料、聚苯醚、聚砜、氟塑料等，力学性能较高，耐热、耐蚀能力好；特种塑料是具有某些特殊性能（如高刚性、耐高温、耐腐蚀、发泡等）的塑料，适用于特殊需要的场合，产量小、价格贵。

相对于金属材料来说，塑料重量轻（塑料密度为 $0.9\sim2.2g/cm^3$，只有钢铁的 1/8～1/4，铝的 1/2。泡沫塑料的密度约为 $0.01g/cm^3$）、比强度高、化学稳定性好、电绝缘性好、耐磨、减摩和自润滑性好。且其透光性、消声吸振性、防潮性、绝热性等相对于金属材料也具有优势。

塑料硬度低：通常热固性塑料强度 30～60MPa，强度较低，热塑性塑料强度在 50～100MPa；弹性模量只有金属材料的 1/10；但承受冲击载荷的能力与金属相当。常用热塑性、热固性塑料的特点和用途分别见表 6-1 和表 6-2。

表 6-1　常用热塑性塑料的特点和用途

塑料名称	性能		主要特点	用途举例
	抗拉强度/MPa	使用温度/℃		
聚乙烯（PE）	3.9～38	−70～100	加工性能、耐蚀性能好，优良的电绝缘性，热变形温度低，力学性能较差低密度聚乙烯质轻、透明、吸水性小，化学稳定性好。高密度聚乙烯具有良好的耐热、耐磨和化学稳定性，表面硬度高，尺寸稳定性好	低密度聚乙烯一般用于耐腐蚀材料如小载荷齿轮，工业薄膜如保鲜膜、背心式塑料袋、塑料食品袋及电缆包皮等高密度聚乙烯适用于中空制品、电气及通用机械零部件，如机器罩盖、奶瓶、提桶、水壶、耐腐蚀容器涂层等
聚氯乙烯（PVC）	10～50	−15～55	具有较高的机械强度，较大的刚性；良好的绝缘性，较好的耐化学腐蚀性；不燃烧、成本低、加工容易；但耐热性差，冲击强度较低，有一定的毒性。可根据加入增塑剂量分为硬质和软质两种	硬质聚氯乙烯主要用于工业管道、给排水管、建筑及家用防火材料；化工耐蚀的结构材料，如输油管、容器等软质聚氯乙烯主要用于电线、电缆的绝缘包皮，农用薄膜、工业包装等，但因有毒，不能用于食品包装
聚丙烯（PP）	40～49	−35～120	无毒、无味、无臭、半透明蜡状固体，密度小，几乎不吸水，具有优良的化学稳定性和高频绝缘性，但低温脆性大，不耐磨，易老化	化工管道、容器、医疗器械、家用电器部件及汽车工业、中等负荷的轴承元件、密封等构件，如套盒、风扇罩、车门、方向盘等，还可用于电器、防腐、包装材料
聚苯乙烯（PS）	50～80	−30～75	具有较好的透明性、化学稳定性，力学性能和耐候性，易染色，易加工，外观优美等优点	透明件，如油杯、窥镜、管道、车灯、仪表零件、光学镜片、绝缘零件、装饰件、航空玻璃、光学纤维等

塑料名称	性能		主要特点	用途举例
	抗拉强度/MPa	使用温度/℃		
聚酰胺（尼龙、PA）	47～100	<100	具有较高的强度和韧性、耐磨、耐水、耐疲劳、减摩性好并有自润滑性、抗霉菌、无毒等综合性能。但吸水性大，尺寸稳定性差；耐热性不高	常用的有尼龙 6、66、610、1010 等。主要用于制作一般机械零件，减摩、耐磨件及传动件，如轴承、齿轮、螺栓、导轨贴合面零件。还可作高压耐油密封圈，喷涂于金属表面作防腐耐磨涂层。多采用注射、挤出、浇注等方法成型，并可用车、钻、胶接等方法进行二次加工
聚甲基丙烯酸甲酯（有机玻璃、PMMA）	55～77	65～95	高透明、耐候、电绝缘；耐磨性差、易擦伤	透明件和具有一定强度的零件，如油杯、管道、窥镜、车灯、仪表零件、光学镜片、绝缘零件、装饰件、绝缘件、航空玻璃、光学纤维等
丙烯腈-丁二烯-苯乙烯（ABS）	21～63	−40～90	具有较好的抗冲击性和尺寸稳定性，良好的耐寒、耐热、耐油及化学稳定性；成型性好，可用注射、挤出等方法成型	用于汽车、机器制造、电器工业等方面制作齿轮、轴承、泵叶轮、把手、电机外壳、仪表壳等。经表面处理可作为金属代用品，如铭牌、装饰品等
聚甲醛（POM）	58～75	−40～100	具有较高的疲劳强度、耐磨性和自润滑性，具有很高的硬度、刚性和抗拉强度；吸水性小，尺寸稳定性、化学稳定性及电绝缘性好；但其耐酸性和阻燃性比较差，密度较大	用于汽车、机床、化工、电器、仪表及农机等行业的各种结构零部件，如汽车零部件；制造减摩、耐磨及传动件等。同时可替代金属制作各种结构零件，如轴承、齿轮、汽车面板、弹簧衬套等
聚四氟乙烯（塑料王、PTFE）	21～63	−180～260	使用温度范围广泛，化学稳定性好，电绝缘性、润滑性、耐候性好；摩擦系数和吸水性小；但强度低，尺寸稳定性差	用于耐腐蚀件、减摩耐磨件、密封件、绝缘件及化工用反应器、管道等。在机械工业中常用于无油润滑材料，如轴承、活塞环等
聚碳酸酯（PC）	65～70	−100～130	无毒、无味、无臭、微黄的透明状固体，具有优良的透光性，极高的冲击韧性和耐热耐寒性，具有良好的电绝缘性、尺寸稳定性好，吸水性小，阻燃性高。但摩擦系数大，高温易水解，且有应力开裂倾向	在机械工业中多用于耐冲击及高强度零部件；在电器工业中可制作电动工具，收录机，电视机外壳等元器件。广泛应用于仪表、电讯、交通、航空、光学照明、医疗器械等方面。不但可代替某些金属和合金，还可代替玻璃、木材等
聚砜（PSF）	70～84	−100～160	具有良好的综合性能，突出的耐热、抗氧化性能，较高的强度，抗蠕变性好，良好的耐辐射性、尺寸稳定性和优良的电绝缘性能，但加工性不好	广泛应用于电器、机械设备、医疗器械、交通运输等。可用于制作强度较高、耐热且尺寸较准确的结构传动件，如小型精密的电子、电器和仪表零件等

表 6-2　常用热固性塑料的特点和用途

塑料名称	性能		主要特点	用途举例
	抗拉强度/MPa	使用温度/℃		
酚醛塑料（电木，PF）	35～62	<140	根据填料的不同，性能具有较大差异。一般酚醛塑料具有一定机械强度和硬度，具有高的耐热性、耐磨性、耐蚀性和良好的绝缘性；化学稳定性、尺寸稳定性和抗蠕变性良好	广泛应用与机械、汽车、航空、电器等工业部门，用来制造各种电气绝缘件，较高温度下工作的零件，耐磨及防腐蚀材料，并能代替部分有色金属（铝、铜、青铜等）制作零件。如用于制作齿轮、刹车片、滑轮以及插座、开关壳等电器零件
环氧塑料（EP）	28～137	−89～155	具有较高的强度、较好的韧性，耐热性、耐蚀性、绝缘性及加工成型性好，优良的耐酸、碱及有机溶剂的性能，耐热、耐寒，能在苛刻的热带条件下使用，具有突出的尺寸稳定性	主要用于制作模具、精密量具、电气及电子元件等重要零件，也用于化工管道和容器、汽车、船舶和飞机等的零部件。还可用于修复机械零件等。环氧树脂是很好的胶黏剂，俗称"万能胶"
氨基塑料（电玉、UF）	80～90	<80	具有良好的绝缘性、耐磨性、耐蚀性，硬度高、着色性好且不易燃烧	可作一般机械零件、绝缘件和装饰件。如仪表外壳、电话机壳、插座、开关、玩具等
有机硅塑料（SMS）	—	<250	电绝缘性良好，耐电弧，耐水性好，防潮性强，但力学性能和成形工艺性较差	主要用于电气（电子）元件和线圈的灌封与固定、耐热零件、绝缘零件、耐热绝缘漆和密封件等

6.1.2　橡胶

橡胶是一类线型柔性高分子聚合物。分子链柔性好，在外力作用下可产生较大形变，除去外力后能迅速恢复原状。橡胶在很宽的温度范围内具有优异的弹性，又称为弹性体。橡胶分为天然橡胶和合成橡胶。

天然橡胶是指从植物中获得的橡胶，是将从树上流出的新鲜胶乳经过稀释、除杂质、凝固、脱水分、干燥、分级和包装等步骤制得。目前全世界天然橡胶总产量的98%来源于巴西香蕉树（三叶橡胶树），天然橡胶约占橡胶总消耗量的40%。天然橡胶具有很好的弹性，回弹率达50%～85%，弹性模量约为钢的1/30000，伸长率可达钢的300倍；抗拉强度可达25～35MPa，撕裂强度可达90kN/m。天然橡胶具有很好的耐挠曲疲劳性能，滞后损失小，生热低，良好的气密性、防水性、电绝缘性、隔热性和良好的加工工艺性能等；缺点是耐油性、耐臭氧老化性和耐热老化性差。

合成橡胶是各种单体经聚合反应合成的高分子材料。通用合成橡胶用以替代天然橡胶来制造轮胎及其他常用橡胶制品，如丁苯橡胶、顺丁橡胶、乙丙橡胶、丁基橡胶、氯丁橡胶等。特种合成橡胶具有特殊性能，专门用于耐寒、耐热、耐油、耐臭氧等，如丁腈橡胶、硅橡胶、氟橡胶、丙烯酸酯橡胶等。常用橡胶的性能与用途见表6-3。

表 6-3　常用橡胶的特点和用途

塑料名称		性能			主要特点	用途举例
		抗拉强度/MPa	回弹性	使用温度/℃		
通用橡胶	天然橡胶（NR）	25~30	好	−55~100	高弹性、耐低温、耐磨、绝缘、防震、易加工。不耐油、不耐氧、不耐高温及浓强酸	轮胎、胶带、胶管等
	丁苯橡胶（SBR）	15~21	中	−50~140	较好的耐磨性、耐热性、耐油及抗老化性，价格低廉；不耐寒，生胶的强度低、弹性低、可通过与天然橡胶混用以取长补短	汽车轮胎、胶带、胶管、电绝缘材料和工业用橡胶密封件等
	丁基橡胶（BR）	17~21	中	−40~130	由异丁烯和少量烯戊二烯低温共聚而成。其耐热性、绝缘性、抗老化性高，透气性极小，耐水性好，但强度低、加工性差、硫化速度慢	主要用于轮胎内胎、水坝衬里、绝缘材料、防水涂层及各种气密性要求高的橡胶制品
	顺丁橡胶（HR）	18~25	好	−70~100	性能接近天然橡胶，且弹性、耐磨性和耐寒性好，但抗撕裂性及加工性能差	多与其他橡胶混合使用，制造轮胎、胶管、耐寒制品、减震器等
	氯丁橡胶（CR）	25~27	中	−35~130	弹性、绝缘性、强度、耐碱性可与天然橡胶媲美，耐油、耐氧化、耐老化、耐酸、耐热、耐燃烧，透气性好，耐寒性差，密度高，生胶稳定性差	矿井的运输带、胶管、电缆；油封衬里、高速三角带及各种垫圈
	乙丙橡胶（EPDM）	10~25	中	<150	耐水、绝缘	汽车配件、散热管、电绝缘件、耐热运输带等
	丁腈橡胶（NBR）	15~30	中	−10~170	耐油性、耐水性、气密性好，耐寒性、耐酸性和绝缘性差	耐油制品，如油箱、储油槽、输油管等
特种橡胶	聚氨酯橡胶（UR）	20~35	中	−30~70	耐磨性能是所有橡胶中最高的，强度高、弹性好，缓冲减震性好，耐油性和耐药品性良好。在燃料油、机械油中几乎不受侵蚀。缺点是在醇、酯、酮类及芳烃中的溶胀性较大，摩擦系数较高，耐低温、耐臭氧、抗辐射、电绝缘、粘接性能良好	耐磨件、实心轮胎、胶辊
	氟橡胶（FBM）	20~22	中	−10~280	耐腐蚀、耐油、耐多种化学药品侵蚀，耐热性好，价格昂贵，耐寒性差，加工性能不好	航空航天密封件，如火箭、导弹密封垫及化工设备中的衬里等
	聚硫橡胶（SR）	9~15	中	80~150	耐油、耐酸碱	丁腈改性用
	硅橡胶（SIR）	4~10	差	−100~350	高耐热性和耐寒性，耐老化性和绝缘性良好，强度低，耐磨性、耐酸性差，价格较贵	飞机和宇航中的密封件、薄膜、胶管和耐高温的电线、电缆等

6.1.3　涂料

涂料是一种涂覆于物体表面能形成坚韧保护膜的物质，可使被涂物体表面与大气隔离，起到保护、装饰、标志、示温、发光、导电、感光等作用。有机涂料多数是含有或不含颜料的黏稠液体。最早的涂料是用植物油、大漆等天然资源制得的，故名油漆，并一直沿用，可泛指各种有机涂料。

涂料的组成包括成膜物质、颜料、稀料和各种辅料。

成膜物质黏结其他组分形成涂膜，是涂料的基础，对涂料和涂膜的性能起决定性作用。现代涂料成膜物质主要是树脂，可分为缩聚型和加聚型两大类：缩聚型合成树脂涂料有醇酸树脂、酚醛树脂、环氧树脂、聚酰胺树脂、脲醛树脂、聚氨酯树脂和有机硅树脂等；加聚型合成树脂涂料有聚氯乙烯树脂和聚乙烯缩醛树脂等。可见，涂料用合成树脂的类型基本上与塑料、合成橡胶、合成纤维、胶黏剂等相似，但涂料用树脂的相对分子质量较低，尤其是热固性树脂的相对分子质量更低，在成膜过程中，通过交联反应生成体型结构的聚合物涂膜。

涂料大多含有 30%～80% 的有机溶剂，如甲苯、二甲苯、丙酮、乙醇、乙酸乙酯等，其作用是溶解主要成膜物质，降低涂料的黏度，便于施工。在涂料成膜的过程中，这些溶剂逐渐挥发，污染环境。目前，涂料工业正朝着粉末化、水性化、无溶剂化（三化）方向发展。

高分子材料的主要弱点是老化。对于塑料，老化表现为褪色、失去光泽和开裂；对于橡胶，老化表现为变脆、龟裂、变软、发黏等。老化的原因是大分子链发生了降解或交联：降解使大分子变成小分子，甚至单体，降低强度、弹性、熔点、黏度等；交联是分子链生成化学键，形成网状结构，使性能变硬、变脆。橡胶的老化主要原因是由于被氧化而进一步交联，使橡胶变硬。影响老化的外因有光、热、辐射、应力等物理因素（使其失去弹性）；氧、臭氧、水、酸、碱等化学因素（使其变脆、变硬和发黏）。

≪≪≪ 6.2 陶瓷材料 ≫≫≫

6.2.1 陶瓷的分类

陶瓷是利用天然或合成化合物经过成形和高温烧结制成的一类无机非金属材料。狭义上，陶瓷包括陶器和瓷器；广义上，可以包括陶瓷、玻璃、耐火材料、砖瓦、水泥、石膏等，凡是经过原料配制、坯料成型和高温烧结而制成的固体无机非金属材料都可称为陶瓷。陶瓷具有高熔点、高硬度、高耐磨性、耐氧化等优点，可用作结构材料、刀具材料和功能材料。

陶瓷通常分为玻璃、玻璃陶瓷和工程陶瓷三大类。玻璃指包括光学玻璃、电工玻璃、仪表玻璃等工业玻璃和建筑玻璃、日用玻璃等无固定熔点，受热软化的非晶态材料。玻璃陶瓷有耐热耐蚀的微晶玻璃、无线电透明微晶玻璃、光学玻璃陶瓷等。

工程陶瓷按照原料来源可分为普通陶瓷（由天然矿物原料制成）和特种陶瓷（由高纯度人工合成的化合物原料制成）。按用途和性能可分为日用陶瓷和工业陶瓷，其中工业陶瓷又分为强调强度、耐热、耐蚀等性能的工程陶瓷，以及具有特殊声、光、电、热、磁效应的功能陶瓷。按化学组成可分为硅酸盐陶瓷、氧化物陶瓷、硼化物陶瓷、氮化物陶瓷和碳化物陶瓷、金属陶瓷、复合陶瓷等。按组织形态可分为无机玻璃、微晶玻璃、陶瓷等。

6.2.2　陶瓷的结构性能特点

(1) 相组成特点

陶瓷材料通常是由晶体相、玻璃相和气相 3 种不同的相组成的：①晶相是陶瓷材料中主要的组成相，决定陶瓷材料的主要物理化学性质；②玻璃相的作用是充填晶粒间隙、黏结晶粒、提高材料致密度、降低烧结温度和抑制晶粒长大；③气相是在工艺过程中形成并保留下来的气孔，对陶瓷的电性能及热性能影响很大。陶瓷的典型组织如图 6-1。

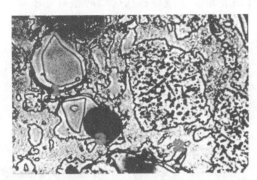

图 6-1　陶瓷的典型组织

(2) 结合键特点

陶瓷材料的主要成分是氧化物、碳化物、氮化物、硅化物等，其结合件以离子键（如 MgO、Al_2O_3）、共价键（如 Si_3N_4、BN）及离子和共价键的混合键为主。具体形成的是离子键还是共价键，主要取决于两原子间负电性差异的大小。

(3) 力学性能

陶瓷的性能与其结合键的性质及其多相的组织结构等因素有关，波动范围很大，也存在一些共同的特性。

陶瓷有很高的弹性模量，一般高于金属 2～4 个数量级。陶瓷的硬度很高，远高于金属和高聚物。例如，各种陶瓷的硬度多为 1000～5000HV，淬火钢为 500～800HV，高聚物一般不超过 20HV。

陶瓷的理论强度很高，然而由于存在大量气孔和其他缺陷，致密度小，致使实际强度远低于理论强度。金属材料的实际、理论抗拉强度的比值为 1/50～1/3，而陶瓷则常常低于 1/100。陶瓷的强度对应力状态特别敏感，它抗拉强度低但抗压强度高，使用时要充分考虑其应用环境。陶瓷一般具有优于金属的高温强度，高温抗蠕变能力强，有很高的抗氧化性，适合做高温材料。

陶瓷在室温几乎没有塑性，但在高温慢速加载的条件下，特别是组织中存在玻璃相时，也能表现出一定的塑性。陶瓷的韧性很差，脆性大，极易发生脆性断裂，这也是陶瓷材料应用的主要障碍。

(4) 物理性能

陶瓷比高聚物和金属的膨胀系数小得多；陶瓷比金属的导热性差，多为较好的绝热材料。一般用材料放入水中激冷而不破裂所能承受的温差来衡量其抗热震性，陶瓷的抗热震性较差，如日用陶瓷仅为 220℃。

陶瓷的导电性能变化范围很大。多数陶瓷具有良好的绝缘性，是传统的绝缘材料。但有些陶瓷（如压电陶瓷、半导体陶瓷等）具有一定的导电性，甚至还有超导陶瓷。

许多陶瓷具有独特的光学性能，如透光性、导光性、光反射性等，可用来制造固体激光器、光导纤维、光存储材料等，在测量、通信、摄影、计算机等领域具有重要应用。

陶瓷所具有的磁性强度是别的材料所难以比拟的，大量用于制作电感或变压器的磁芯、磁性记忆材料、微波元件、扬声器、电动机等。稀土钐钴永磁合金特别适合在开路状态、压力场合、退磁场或动态下使用，适合制造体积小的元件。

（5）化学性能

陶瓷的物相结构非常稳定，很难被氧化；对酸、碱、盐等腐蚀介质有较强的抵抗能力，也能抵抗熔融的非铁金属的侵蚀。但高温熔盐和氧化渣等会使某些陶瓷材料腐蚀破坏，高温下，甚至能够测量到陶瓷的电化学腐蚀。

（6）工艺特点

陶瓷是烧结体，烧结体也是晶粒的聚集体，有晶粒和晶界；属于脆性材料，大部分陶瓷通过粉体成型和高温烧结来获得所需要的形状；难以进行后续变形和加工。

6.2.3 常用工程陶瓷

（1）普通陶瓷

普通陶瓷又称传统陶瓷，是以黏土（$Al_2O_3 \cdot 2SiO_2 \cdot 2H_2O$）、长石（$K_2O \cdot Al_2O_3 \cdot 6SiO_2$，$Na_2O \cdot Al_2O_3 \cdot 6SiO_2$）和石英（$SiO_2$）为原料，经成型、烧结而成的，有时还加入 MgO、BaO、ZnO 等化合物来进一步改善性能。

普通陶瓷包括普通日用陶瓷和普通工业陶瓷，质地坚硬而脆性较大，绝缘性和耐蚀性极好，制造工艺简单、成本低廉，用量最大。除日用陶瓷、瓷器外，大量用于电器、化工、建筑、纺织等工业部门，如耐蚀要求不高的化工容器、管道，供电系统的绝缘子，纺织机械中的导纱零件等。因其组织中玻璃相比例大，强度较低，高温性能不如其他陶瓷。

（2）氧化物陶瓷

常用的纯氧化物陶瓷熔点大多在 2000℃ 以上，都是很好的高耐火度结构材料，因为在高温下这些陶瓷都不会氧化。

① 氧化铝陶瓷　氧化铝熔点高达 2050℃，广泛用于耐火材料。叫高纯度的氧化铝粉末压制、烧结后得到刚玉耐火砖、高压器皿、坩埚、电炉炉管、热电偶套管等。微晶刚玉的硬度极高，红硬性达 1200℃，可制作切削淬火钢刀具、金属拔丝模等。氧化铝陶瓷具有很高的电阻率和低热导率，是很好的电绝缘材料和绝热材料。同时其强度和耐热强度均较高，是很好的耐火结构材料，可作内燃机火花塞、空压机泵零件等。

② 氧化铍陶瓷　氧化铍陶瓷最大特点是导热性极好，同时具有很高的热稳定性；强度性能不高，但抗热冲击性较高。由于氧化铍陶瓷消散高能辐射的能力强、热中子阻尼系数大，常用于制造坩埚、真空陶瓷和原子反应堆陶瓷等。另外，还可以制造气体激光管、

晶体管散热片和集成电路的基片、外壳等。

③ 氧化锆陶瓷　氧化锆陶瓷熔点在 2700℃ 以上，能耐 2300℃ 的高温；能抗熔融金属的侵蚀，可用作铂、铑等金属的冶炼坩埚，1800℃ 以上的发热体、炉子、反应堆绝热材料等。氧化锆作为添加剂可以大大提高陶瓷的韧性，称为氧化锆增韧陶瓷。氧化锆增韧陶瓷可替代金属制造模具、拉丝模、泵叶轮等，还可制造汽车零件如凸轮、推杆、连杆等。

④ 氧化镁、氧化钙陶瓷　氧化镁、氧化钙陶瓷通常通过加热白云石矿石除去 CO_2 而制成的，能抗各种金属碱性渣的侵蚀，常用作炉衬耐火砖。缺点是热稳定性差，MgO 在高温易挥发，CaO 甚至在空气中就易水化。

(3) 碳化物陶瓷

碳化物陶瓷具有很高的熔点，硬度和耐磨性，但其缺点是耐高温氧化能力差，脆性极大。

① 碳化硅陶瓷　碳化硅陶瓷在碳化物陶瓷中应用最广泛，热导率很高而热膨胀系数很小，但在 900～1300℃ 会慢慢氧化。碳化硅陶瓷通常用于加热元件、石墨表面保护层以及砂轮、磨料等。将用有机粘接剂黏结的碳化硅陶瓷加热至 1700℃ 后加压成型，有机粘接剂被烧掉，碳化钨颗粒间形成晶态黏结，从而形成高强度、高致密度、高耐磨性和高抗化学侵蚀的耐火材料。

② 碳化硼陶瓷　碳化硼陶瓷的硬度极高，抗磨粒磨损能力很强；熔点高达 2450℃，但在高温下会很快氧化，并且与热或熔融的黑色金属发生反应，因此使用温度应在 980℃以下。碳化硼陶瓷主要用途是作磨料，有时用于超硬质工具材料。

③ 其他碳化物陶瓷　碳化钼、碳化铌和碳化钨陶瓷的熔点和硬度都很高，通常在 2000℃ 以上的中性或还原性气氛中作高温材料；碳化铌、碳化钛甚至可用于 2500℃ 以上的氮气气氛中。

(4) 硼化物陶瓷

常见的硼化物陶瓷包括硼化铬、硼化钼、硼化钛、硼化钨和硼化锆等，熔点 1800～2500℃。其特点是高硬度，同时具有较好的耐化学侵蚀能力。与碳化物陶瓷相比，硼化物陶瓷具有较高的抗高温氧化性能，主要用于高温轴承、内燃机喷嘴、处理熔融非铁金属的器件等，还可用作电触点材料。

(5) 氮化物陶瓷

① 氮化硅陶瓷　氮化硅是键能高而稳定的共价键警惕，特点是硬度高而摩擦系数低，且有自润滑作用，是优良的耐磨减摩材料；氮化硅的耐热温度比氧化铝低，而抗氧化温度高于碳化物和硼化物；在 1200℃ 以下时具有较高的力学性能和化学稳定性；膨胀系数小、抗热冲击，可作优良的高温结构材料。另外，氮化硅陶瓷能耐各种无机酸（氢氟酸除外）和碱溶液侵蚀，是优良的耐腐蚀材料。

氮化硅的制造方法不同，得到的晶格类型、应用领域都不同。反应烧结法得到的 α 氮化硅，主要用于制造各种泵的耐蚀、耐磨密封环等零件；用热压烧结法得到的 β 氮化硅，主要用于制造高温轴承、转子叶片、静叶片以及加工难切削材料的刀具等。

生产中，在氮化硅中加入一定量的氧化铝烧制成陶瓷可制造柴油机的汽缸、活塞和燃气轮机的叶轮。

②　氮化硼陶瓷　氮化硼也叫"白色石墨"具有石墨类型的六方晶体结构。特点是硬度较低可与石墨一样进行各种切削加工；导热和抗热性能高，耐热性好，有自润滑性能；高温下耐腐蚀、绝缘性好。主要应用于高温耐磨材料和电绝缘材料、耐火润滑剂等。在高压和1360℃下，六方氮化硼转化为立方β氮化硼，硬度提高到接近金刚石，且很难氧化，可用作金刚石的代用品，用于耐磨切削刀具、高温模具和磨料等。

陶瓷材料不仅可以做结构材料，还可以做性能优异的功能材料，具体如表6-4所示。

表6-4　特种陶瓷的种类和应用领域

种类	组成	用途举例
烧结刚玉	Al_2O_3	火花塞,物理化学设备,人工骨,牙等
高氧化铝瓷	α- Al_2O_3	绝缘子、电器材料、物理化学设备
莫来石瓷	$3\,Al_2O_3 \cdot 2SiO_2$	电器材料,耐热耐酸材料
氧化镁瓷	MgO	物理化学设备
氧化锆瓷	ZrO_2	物理化学设备,电器材料,人工骨,关节
氧化铍瓷	BeO	物理化学设备、电器材料
氧化钍瓷	ThO_2	物理化学设备、炉材
尖晶石瓷	$MgO \cdot Al_2O_3$	物理化学设备、电器材料
氧化锂瓷	$Li_2O \cdot Al_2O_3 \cdot 2SiO_2$ $Li_2O \cdot Al_2O_3 \cdot 4SiO_2$ $Li_2O \cdot Al_2O_3 \cdot 8SiO_2$	高温材料,物理化学设备
滑石瓷	$MgO \cdot SiO_2$	高频绝缘材料
氧化钛瓷	TiO_2 $CaSi \cdot TiO_5$	介电材料
钛酸钡系陶瓷	$BaO,TiO_2;SrO_2,TiO_2,$ PbO,ZrO_2等的固体 PZT,PLZT,PLLZT	铁电材料 光电材料
氧化物、碳化物、硼化物 氮化物、硅化物系瓷	$ZrO_2,SiC,Si_3N_4,$ BN	超高温材料
铁氧体系瓷 软磁铁氧体 硬磁铁氧体 记忆铁氧体	 $MnZn,NiZn$系 Co,Ba $MgZn,Li$系	 无线电设备用磁头 永久磁铁 记忆磁芯
稀土钴系	$SmCo$ $MnBi,CdCo$膜	永久磁铁 存储器
半导体陶瓷	$ZnO,SiC,ZrO_2,SnO_2,BaTiO_3,$ γ-$Fe_2O_3,CdS,MgCr_2O_4$	非线性电阻、气体传感器、热敏元件、湿度传感器、太阳能电池、自控温发热体
锆质瓷	$ZrSiO_2$	断路器
蛇纹岩系瓷	$FeO \cdot MgO \cdot Al_2O_3 \cdot SiO_2$系	耐碱性
钡长石瓷	$BaO \cdot Al_2O_3 \cdot 2\,SiO_2$	X射线设备
多孔陶瓷		过滤、电解

《《《 6.3 常用复合材料 》》》

复合材料是由两种或两种以上化学性质或组织结构不同的材料组合而成的材料。它最大的特点是材料间可以优势互补，既能保持原组成材料的重要特色，又能通过复合使各组分的性能互相补充，以获得原组分不具备的许多优良性能。此外，可以按照构件的结构和受力要求，对复合材料进行最佳设计，获得合理的性能，发挥材料的潜力。复合材料是一种既古老又年轻的材料，旧时农村盖房用的"托坯"就是土与麦秸的复合材料；木材就是木质素和纤维素的复合材料；钢筋混凝土就是钢筋、水泥、砂、石的复合材料。

6.3.1 复合材料的性能特点

(1) 比强度和比模量高

复合材料的比强度和比模量在各类材料中是最高的。复合材料中所用的增强剂多为密度较小、强度极高的纤维（如玻璃纤维、碳纤维、硼纤维等），而基体也多为密度较小的材料（如高聚物）。例如，分离轴用离心机转筒，采用碳纤维增强环氧树脂材料，其比强度比钢高 7 倍；比模量比钢高 3 倍。

(2) 抗疲劳性能好

纤维增强复合材料的抗疲劳性能很高。增强纤维本身缺陷少，抗疲劳能力高；基体材料塑性好，能减少或消除应力集中，使疲劳源难以萌生微裂纹。微裂纹形成后，其扩展过程与金属材料完全不同，大量的纤维，使裂纹的扩展常要经历非常曲折、复杂的路径，促使复合材料疲劳强度的提高。碳纤维增强树脂的疲劳强度为其抗拉强度的 $70\% \sim 80\%$；一般金属材料仅为 $40\% \sim 50\%$。

(3) 减震性能好

结构的自振频率与结构本身的形状有关，且与材料的比模量的平方根成正比，复合材料比模量高，其自振频率很高，在一般的加载速度或频率下，不易发生共振而快速脆断。复合材料是非均质的多相材料体系，大量存在的纤维与基体间的界面吸振能力强，阻尼特性好，即使有振动存在也会很快衰减。如对相同尺寸和形状的梁进行振动试验，铝合金梁需 9s 停止振动；碳纤维复合材料梁只需 2.5s。

(4) 高温性能好

各种增强纤维大多具有较高的弹性模量、熔点和高温强度，与金属组成复合材料后，可以明显改善单一材料的耐高温性能。

(5) 断裂安全性高

纤维增强复合材料每平方厘米截面上，有几千甚至几万根纤维，这些纤维在受力时处于静不定状态。当受力、过载使一部分纤维断裂时，其应力将迅速重新分配在未断纤维上，不至于造成构件在瞬间完全丧失承载能力而破坏，提高断裂的安全性。

除上述性能外，复合材料的减摩性、耐蚀性及工艺性能也均良好。但是复合材料也有一些问题，如断裂伸长小，冲击韧性差等；由于其是各向异性材料，其横向抗拉强度和层间抗剪强度不高，不适合复杂受力件；特别是其制造成本较高，使得复合材料的应用受到一定的限制，需进一步解决。

6.3.2 复合材料的分类

复合材料是多相材料，一般包括基体相和增强相。基体相是连续相，将改善性能的增强相固结成一体，并起到传递应力的作用；增强相起承受应力（结构复合材料）和显示功能（功能复合材料）的作用。

复合材料的种类繁多，常见的分类方法归纳为图 6-2。

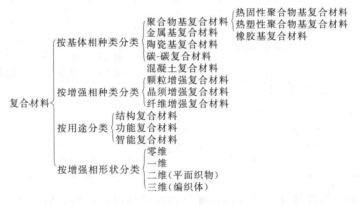

图 6-2 复合材料的分类

6.3.3 常用复合材料

复合材料可按基体材料分为金属基和非金属基复合材料两大类。非金属基复合材料又可分为聚合物基、陶瓷基、石墨基、混凝土基复合材料等，其中以纤维增强聚合物基和陶瓷基复合材料最为常用。

(1) 聚合物基复合材料

聚合物基复合材料在复合材料中发展最早、应用最广。常用的聚合物基复合材料有玻璃钢、碳纤维树脂复合材料、硼纤维树脂复合材料等。

① 玻璃钢 热固性玻璃钢是以热固性树脂（酚醛树脂、环氧树脂、有机硅树脂等）作为黏结剂的玻璃纤维增强材料；热塑性玻璃钢是以热塑性树脂（尼龙、ABS、聚苯乙烯

等）作为黏结剂的玻璃纤维增强材料。热固性玻璃钢成型工艺简单、质量轻、比强度高、耐蚀性能好；缺点是弹性模量低、耐热性低、易老化等；热塑性玻璃钢经玻璃纤维强化，强度和疲劳强度提高 2～3 倍、冲击韧度提高 2～4 倍、蠕变抗力提高 2～5 倍，达到或超过某些钢的强度。热塑性玻璃钢强度不如热固性玻璃钢，但其成型性更好、且比强度并不低，应用十分广泛。表 6-5 为常见玻璃钢的性能特点。

表 6-5　常见玻璃钢的性能特点

热固性玻璃钢材料	密度/(g/cm³)	抗拉强度/MPa	抗弯强度/MPa	特性及用途
环氧树脂玻璃钢	1.73	341	520	耐热性较高,150～200℃下可长期工作,耐瞬时高温。价格低,工艺性较差,收缩率大,吸水性大,固化后较脆 用于飞机、宇航器等主承力构件、耐蚀件
聚酯树脂玻璃钢	1.75	290	237	强度高,收缩率小,公益性好,成本高,某些固化剂有毒性 用于一般要求的构件,如汽车、船舶、化工件等
酚醛树脂玻璃钢	1.80	100	110	工艺性好,适用各种成型方法,作大型构件,可机械化生产。耐热性差,强度较低,收缩率大,成形时有异味,有毒 用于飞机内部装饰件、电工材料
有机硅树脂玻璃钢		210	140	耐热性较高,200～250℃可长期使用。吸水性低,耐电弧性好,防潮,绝缘,强度低 用于印刷电路板、隔热板等
尼龙 66 玻璃钢	1.37	182	91	刚度、强度、减摩性好。用作轴承、轴承架、齿轮等精密零件、电工件、汽车仪表、前后灯等
ABS 玻璃钢	1.28	101	77	化工装置、管道、容器等
聚苯乙烯玻璃钢	1.28	95	91	汽车内饰、收音机机壳、空调叶片等
聚碳酸酯玻璃钢	1.43	130	84	耐磨、绝缘仪表等

② 碳纤维树脂复合材料　碳纤维强度、弹性模量高，高温、低温性能好，化学稳定性高，导电，摩擦系数低，是很理想的增强剂。常见的碳纤维树脂复合材料有碳纤维环氧树脂、酚醛树脂和聚四氟乙烯等，这些材料的性能普遍优于树脂玻璃钢。可用于宇宙飞船和航天器的外层材料，人造卫星和火箭的机架、壳体，精密仪器的齿轮、轴承及活塞，化工容器和零件等。缺点是价格高、碳纤维与树脂的结合力不够强。

③ 硼纤维树脂复合材料　硼纤维比强度与玻璃纤维类似；比弹性模量比玻璃纤维高 5 倍；耐热性高，可用于硼纤维环氧树脂、硼纤维聚酰亚胺树脂等。这类复合材料的抗压强度和剪切强度都很高（优于铝合金、钛合金）、蠕变小、硬度和弹性模量高，尤其是疲劳强度很高，还具有耐辐射及导热性好的优点。例如，在硼纤维-环氧树脂复合材料。可用于航空、航天工业中要求高强度的结构件，如飞机机身、机翼、轨道飞行器等。其缺点是制备工艺复杂、成本高。

（2）陶瓷基复合材料

陶瓷材料耐磨性高、硬度高、耐蚀性好，缺点是脆性大，对裂纹、气孔等敏感。通过在陶瓷材料中加入颗粒、晶须及纤维等，得到陶瓷基复合材料，可使陶瓷的韧性大大提高。表 6-6 中可见纤维增韧陶瓷基复合材料韧性很好；其他增韧也有不同程度的改善，临界裂纹尺寸也都增大了。

陶瓷基复合材料具有高强度、高模量、低密度、耐高温、耐磨、耐蚀和良好的韧性。目前已经用于高速切削工具和内燃机部件上。

表 6-6 陶瓷基复合材料与其他材料性能比较

材料		断裂韧度 /MPa·m$^{1/2}$	材料		断裂韧度 /MPa·m$^{1/2}$
整体陶瓷	Al_2O_3	2.7～4.2	相变增韧陶瓷	ZrO_2-MgO	9～12
	SiC	4.5～6.0		ZrO_2-Y_2O_3	6～9
颗粒增韧陶瓷	Al_2O_3-TiC 颗粒	4.2～4.5		ZrO_2-Al_2O_3	6.5～15
	Si_3N_4-TiC 颗粒	4.5	纤维增韧陶瓷	SiC-硼硅玻璃纤维	15～25
	Al_2O_3-ZrO 颗粒	6～15		SiC-锂铝硅玻璃纤维	15～25
晶须增韧陶瓷	SiC-Al_2O_3 晶须	8～10	金属材料	铝	33～44
	SiC-Si_3N_4 晶须	10		钢	44～66

（3）金属基复合材料

金属基复合材料是以金属及合金为基体，与其他金属或非金属复合增强的复合材料。例如，将颗粒状石墨加入铝液制得的石墨-铝合金颗粒复合材料浇铸件，具有优良的减摩、消振性和较小的密度，是一种新型的轴承材料。这类复合材料克服了聚合物基复合材料使用温度低、耐磨性差、导热与导电性差、易老化、尺寸不稳定等缺点。表 6-7 列出了几种典型金属基复合材料的性能。

表 6-7 典型基复合材料性能表

材料	硼纤维 增强铝	CVD 碳化硅 增强铝	碳纤维 增强铝	碳化硅纤维 增强铝	碳化硅颗粒 增强铝
增强相体积分数/%	50	50	35	18～20	20
抗拉强度/MPa	1200～1500	1300～1500	500～800	500～620	400～510
弯曲模量/GPa	200～220	210～230	100～150	96～138	110
密度/(g/cm^3)	2.6	2.85～3.0	2.4	2.8	2.8

① 金属陶瓷 又称金属基粒子复合材料，是由钛、镍、钴、铬等金属与碳化物、氮化物、硼化物等组成的非匀质材料。其中，碳化物金属陶瓷又称硬质合金，已经得到广泛应用。硬质合金一般以钴、镍作为黏合剂，WC、TiC 作为强化相，硬度极高，且热硬性、耐磨性好，用以制作刀具。

② 纤维增强金属基复合材料 纤维增强金属基复合材料具有金属的弹性、强度和韧性、不易损伤，耐高温、耐磨，具有导电、导热性，可像金属一样加工成型，主要用于制造比强度高的构件。增强纤维有氧化物、非氧化物、金属纤维等；金属基体有铝、钛、高温合金、铜、镁、铅及其合金等。

纤维增强金属基复合材料特别适合于制造航天飞机主舱骨架支柱、发动机叶片、尾翼、空间站结构材料；汽车构件、保险杠、活塞连杆、自行车车架、体育运动器械等。

（4）碳基复合材料

碳基复合材料主要指碳纤维及其制品（如碳毡）增强的碳基复合材料，组成元素为单一的碳，具有碳和石墨材料所特有的优点，如低密度和耐烧蚀性、抗热震性、高导热性、低膨胀系数等优异的热性能。同时，碳基复合材料还具有复合材料的高强度、高模量等特点；强度和冲击韧度比石墨高 5～10 倍，并且比强度高；随温度升高，强度也升高；断裂韧性高，蠕变低；化学稳定性高，耐磨性极好；耐温最高可达 2800℃。

利用碳/碳复合材料的这些特性，可在航天领域作为航天飞机的鼻锥、机翼前缘等，这些部位在航天飞机进入大气层时需要经受接近 2000℃ 的高温。其他应用还有导弹弹头、固体火箭发动机喷管、飞机刹车盘、赛车和摩托车刹车系统，航空发动机燃烧室、导向器、密封片及挡板等，人体骨骼、关节代替材料等。

（5）夹层（层叠）复合材料

夹层复合材料是一种由上下两块薄面板和芯材构成的复合材料。面板有金属，如铝合金、钛合金、不锈钢、高温合金、树脂等；芯材有泡沫塑料等。夹层复合材料可以减轻构件的重量，提高构件的刚度和强度。例如，航天和航空结构件中普遍应用的蜂窝夹层结构复合材料，就是在两块面板之间钎焊或黏结一层蜂窝夹层，如图 6-3 所示。

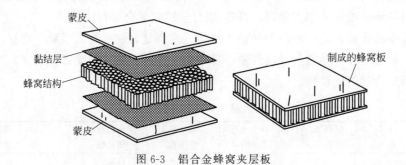

图 6-3　铝合金蜂窝夹层板

习题与思考题

1. 工程塑料有哪些种类？它们都有什么特性，应用领域？
2. 结合橡胶的结构说明它为什么能表现出高弹的特性？
3. 陶瓷的组织由哪些相组成？它们对陶瓷材料的性能都有何影响？现代陶瓷材料都应用于哪些领域？
4. 氮化硅、铅锡合金和尼龙都可以制造滑动轴承，请比较三者的特点。
5. 什么是复合材料？有哪些种类？复合材料有什么性能特点和应用领域？

第7章

新型材料 »»»

新型材料是指新近发展、正在快速发展进程中或以新出现制备工艺制成，性能比传统材料更为优异或具有特殊性能的一类材料。新型材料品种、式样变化多，更新换代快，与新工艺和新技术结合紧密，知识、技术密集度高；代表着多学科需求交叉和渗透的结果，具有综合性和复杂性；其表征和评价多采用基于最新科学技术成就的仪器和精密装置进行。

«« 7.1 纳米材料 »»

纳米材料是指在空间中有 $1 \sim 100nm$ 尺度或含有纳米尺度结构的纤维、薄膜、块体以及与其他材料组成的复合材料等。纳米材料中纳米粒子和粒子间的界面体积分数近似相等，这会导致材料力学性能、磁性、介电性、光学性能、超导性能、热学性能的改变，具有许多独有特性。

7.1.1 纳米材料的性质

(1) 小尺寸效应和表面效应

由于颗粒尺寸变小而引起的物理性质的变化称为小尺寸效应。纳米颗粒尺寸小，相当于或小于光波波长，表面积大、表面能高，位于表面的原子占相当大的比例，其熔点、磁性、热阻、电学性能、光学性能、化学活性和催化性等与大尺寸材料不同。例如，金属纳米颗粒对光的吸收效果显著增加，并产生吸收峰的等离子共振频率偏移；出现磁有序向磁无序、超导相向正常相的转变等。

由于纳米颗粒表面原子数增多，表面原子配位数不足和高的表面能，使得这些原子极易与其他原子相结合而稳定下来，具有很高的化学活性。例如无机的纳米粒子暴露在空气中会吸附气体，并与气体分子反应；金属的纳米粒子在空气中会燃烧。利用表面活性，金属超微粒可望成为新一代的高效催化剂和低熔点材料。

(2) 量子尺寸效应

根据原子模型与量子力学能级理论，无数的原子构成固体时（大块固体），单独原子的能级合并成为能带；能带中能级的间距很小，可以看做是连续的。而对于超微粒而言，能级间的间距随颗粒尺寸减小而增大，当热能、电场能或磁场能比平均的能级间距还小时，纳米材料会呈现出与宏观物体不同的物理特性，称为量子尺寸效应（图7-1）。例如，导电的金属在超微粒时成为绝缘体；磁矩的大小和颗粒中电子是奇数或偶数有关等。

总之，纳米尺度物质的特殊性，使得纳米材料呈现出既不同于宏观物体，也不同于微观原子、分子的物理化学性质。例如，铁磁性物质在纳米尺度时，显示出极强的顺磁效应；几十纳米的氮化硅组成纳米陶瓷时，在交流电下电阻很小；化学性不活波的金属铅制成纳米微粒后成为活性极好的催化剂；金属纳米微粒具有极好的光吸收能力；纳米铁的强度比普通铁高12倍；纳米 SiC 的断裂韧性比常规材料高100倍等，为克服材料科学中长期未能解决的问题开拓了新的途径。

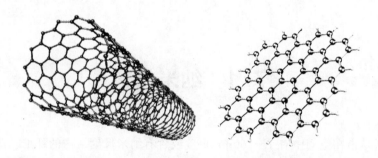

图 7-1　纳米碳管与石墨烯的原子排列结构

7.1.2　纳米材料的分类

纳米材料按纳米颗粒结构状态可分为纳米晶体材料和纳米非晶态材料；按结合键类型可分为纳米金属材料、纳米半导体材料和纳米陶瓷材料；按组成相数量可分为纳米相材料和纳米复相材料等。

根据应用类型又可分为纳米粉体、纳米固体材料、纳米复合材料等，纳米粉体是具有极小的粒径（$1 \sim 100 \mu m$）的金属、高分子、陶瓷等粉末；纳米固体材料包括纳米薄膜和纳米块体材料；纳米复合材料则又包含多种类型。

7.1.3 纳米材料的应用

(1) 力学性能方面

纳米材料可以作为耐高温、高强度、高韧性、耐磨、耐蚀的结构材料。例如，应用纳米技术制成超细或纳米晶金属陶瓷刀具材料，其韧性、强度、硬度大幅提高，可应用于难加工材料刀具中；纳米碳管的抗拉强度比钢高 100 倍，在纳米碳管中填充金属可制成纳米丝；将纳米 Al_2O_3 添加到常规 85、95 瓷中，其强度和韧性均提高 50％以上。

(2) 热学性能方面

纳米材料的比热和热膨胀系数都大于同类材料，且熔点大大低于普通材料，在储热材料、低温烧结等方面具有应用前景。例如，Cr-Cr_2O_3 纳米颗粒膜对太阳光有强烈的吸收作用，将光能转化为热能；纳米银粉熔点仅为 100℃。

(3) 电学性能方面

利用纳米粒子的隧道量子效应和库伦堵塞效应制成的纳米电子器件具有超高速、超容量、超微型、低能耗的特点；用纳米粉末能制造出具有巨大表面积的电极，大幅度提高放电效率；纳米导电浆料可广泛应用于微电子工业中；纳米金属粉末对电磁波有特殊的吸收作用，可作为军用高性能毫米波隐形材料、可见光-红外线隐形材料和结构式隐形材料、手机辐射屏蔽材料等。

(4) 磁学性能方面

纳米微粒具有单磁畴结构和矫顽力很高的特性，制成磁记录材料时记录密度比 γ-Fe_2O_3 高几十倍；超顺磁性的强磁性纳米颗粒制成磁性液体，广泛应用于电声器件、阻尼器件、旋转密封、润滑、光显示等领域。将化学吸附一层长链高分子的纳米 Fe_3O_4 高度弥散于基液中，在磁场作用下，磁性颗粒带动着液体一起运动，好像整个液体具有磁性，称为磁性液体，可用于选装轴的动态密封、阻尼件、润滑剂等。

(5) 化工方面

纳米 Al_2O_3 和 SiO_2 加入到普通橡胶中，可以提高橡胶的耐磨性、介电性和弹性；有机玻璃中添加纳米 SiO_2 可以抗老化，添加纳米 Al_2O_3 可提高高温冲击韧性；纳米 TiO_2 可用于光催化降解工业废水中的有机污染物；纳米薄膜能探测到由化学和生物制剂造成的污染，并能进行过滤。

(6) 医药方面

纳米粒子比血红细胞小得多，可以在血液里自由运动，纳米粒子药物在人体内传输方便。用纳米粒子包裹的智能药物或新型抗体可以主动搜索并攻击癌细胞；适用纳米技术的新型诊断仪器只需少量血液就能诊断出各类疾病；纳米银附着在棉织物上，杀菌能力可提高 200 倍；还可利用纳米粉末制成贴剂或含服剂，避开肠胃吸收时体液与药物反应引起的不良反应；难溶药剂可制成纳米针剂，提高吸收率等。

纳米技术被公认为是 21 世纪最具有前途的科研领域之一，是目前材料科学研究的一大热点。

« 7.2 非晶态合金 »

非晶态材料中的原子呈长程无序排列的状态，具有这种的合金称为非晶态合金，又称金属玻璃。大量实验证明，在一定条件下，许多金属合金都能形成类似于玻璃、聚合物的玻璃态，性能也呈现出较大差异（图 7-2）。

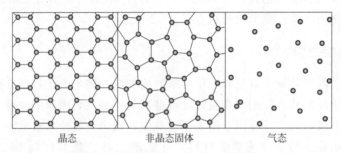

晶态　　　　　　非晶态固体　　　　　　气态

图 7-2　几种结构中原子分布示意

7.2.1 非晶态合金的结构特点

非晶态金属内部原子呈短程有序而长程无序状态，短程有序区小于 $(1.5\pm0.1)nm$。其结构无序性是在熔融态金属急速冷却过程中保留下来的。制备非晶态合金有气态和液态急冷法两种，目前最常用的是旋辊液态急冷法：将试块放入石英坩埚中，在氩气保护下用高频感应加热熔化，用气压使其在下方扁平口处喷出，落在高速旋转的铜辊轮上，急冷形成很薄的非晶带。

非晶态金属具有显著的均匀性：一是结构均匀、各向同性，它是单相无定形结构，没有晶体中的晶界、路安静、位错、晶格缺陷等缺陷；二是成分均匀性，没有晶态金属那样的异相、析出物、偏析等。非晶态金属结构处于热力学不稳定状态，其总有进一步转变为稳定晶态的倾向。

7.2.2 非晶态合金的性能及应用

（1）力学性能方面

非晶态合金由于结构中不存在位错，没有类似晶体那样的滑移面，不易发生滑移，具有高强度、硬度、塑性、韧性和冲击韧性，没有加工硬化现象。例如非晶态铝合金的抗拉强度

（1140MPa）是超硬铝合金抗拉强度（520MPa）的两倍；非晶态 Fe80B20 抗拉强度（3630MPa）约是晶态超高强度钢（1820MPa）的 2 倍；有的非晶态合金硬度可达 1400HV。非晶薄带可以反复弯曲 180°而不断裂，有些合金的冷轧压下率可达 50%（表 7-1）。

表 7-1　一些非晶态合金的力学性能

	合金	硬度（HV）	抗拉强度/MPa	断后伸长率/%	弹性模量/MPa
晶态	18Ni-9Co-5Mo	—	1810～2130	10～12	—
非晶态	Pd83Fe7Si10	4180	1860	0.1	66640
	Cu57Zr43	5292	1960	0.1	74480
	Co75Si15B10	8918	3000	0.2	53900
	Fe80P13C7	7448	3040	0.03	121520
	Ni75Si8B7	8408	2650	0.14	78400

非晶态合金制成条带或薄片，可用来制作轮胎、传送带、水泥制品及高压管道的增强纤维，还可以用来制作刀具和刀片。用非晶态合金纤维代替硼纤维、碳纤维制造复合材料，可以提高复合材料的适应性，可用来制作高耐磨音频、视频磁头；复合强化高尔夫球杆、钓鱼竿、强化水泥、飞机构架和发动机元件等。

（2）磁学性能方面

非晶态合金磁性材料有磁导率、磁感高，铁损、矫顽力低，无磁各向异性等优点；但也有饱和磁感应强度低、热处理后材质发脆、成本较高等缺点。

铁基非晶态合金具有高磁感、低铁损，主要用来做变压器及电动机铁心材料。非晶变压器的铁损为硅钢变压器的 1/4～1/3，节省电能损耗，被人们誉为"绿色材料"。利用非晶合金的磁至伸缩特性可制作各种传感器，如转数传感器、防盗传感器、磁头、电流传感器、位移传感器、电子变压器、磁放大器等。还可作为非晶开关电源、非晶合金磁屏蔽、非晶漏电保护器及磁分离用材料等。

（3）电学性能方面

非晶态合金的电阻率是晶态合金的 2～3 倍；电阻温度系数比晶态合金小；多数非晶态合金电阻率随温度升高而连续下降，这在一些测量仪表中具有广阔的应用前景。

（4）化学性能方面

在晶态材料中，缺陷密集处具有高活性，起腐蚀成核的作用，引起局部腐蚀。非晶态合金结构和化学上高度均匀、单相，没有晶粒、晶界、位错、杂质偏析等缺陷，不发生局部腐蚀，形成均匀的钝化膜，具有很高的耐蚀能力。例如，非晶态合金在氯化物和硫酸盐中的耐蚀性大大高于不锈钢，非晶态 Fe72Cr8P13C7 合金已经成为化工、海洋和医学等易腐蚀环境下设备的首选材料，如海上军用飞机电缆、鱼雷、化学过滤器、反应器等。

非晶态金属表面能高，具有较强的活性中心密度和活化能力，可连续改变成分，具有明显的催化性能，可应用于催化加氢、催化脱氢、催化氧化和电催化反应等。某些非晶态金属通过化学反应可吸收和释放氢，用作储氢材料。

（5）光学性能方面

某些非晶态金属由于特殊的电子状态而具有优异的太阳能吸收能力；非晶金属具有良好的抗中子、γ 射线等射线辐射能力在火箭、宇航、核反应堆、受控热核反应等领域具有应用前景。

总之，非晶态合金由液态金属急冷而成，工艺简单；许多非晶态合金组分原料便宜；具有优异的力学、磁学、电学和化学性能，是一种有广阔应用前景的新型材料。

《《《 7.3 形状记忆合金 》》》

7.3.1 形状记忆效应原理

（1）形状记忆效应

形状记忆材料制品经塑性变形后，在热、电、光或化学处理下可以恢复初始形状。目前开发成功的主要有 Ti-Ni 基、铜基、铁基形状记忆合金等。

母相奥氏体转变为马氏体的开始温度（M_S）和马氏体加热转变为奥氏体的开始温度（A_S）之间的温度差称为热滞后。普通马氏体相变热滞后较大，马氏体量增加靠新核形成和长大。形状记忆合金中马氏体相变热滞后小，马氏体量增加靠马氏体片长大来完成。这种相变称为热弹性马氏体相变，母相与马氏体相界面可以逆向光滑移动。

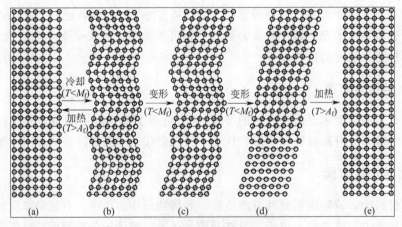

图 7-3　形状记忆效应原理示意

如图 7-3 所示，当形状记忆合金从保温母相状态（a）冷却到低于 M_f 点温度后，将发生马氏体相变（b），这种热弹性马氏体比母相还软，与钢中的马氏体不同。变形成为变形马氏体（c），马氏体发生择优取向，处于有利取向的马氏体片长大，处于不利取向的马氏体片被吞并，最后形成单一有利取向的有序马氏体（d）。将变形马氏体加热到 A_S 以上（e），晶体恢复到原来单一取向的高温母相，随之其宏观形状也恢复到原始状态。

形状记忆合金应具备三个条件：①马氏体相变是热弹性的；②马氏体相变通过孪生（切变）完成；③母相和马氏体相均属有序结构。

（2）超弹性效应

有些此类合金，如果对母相施加应力，也可有母相直接形成变形马氏体，这一过程称为应力诱发马氏体相变。应力去除后，变形马氏体又变回该温度下的稳定母相，恢复母相原来形状，应变小时，这种现象称为超弹性（或伪弹性）。此时，在温度 A_S 以上，外应力只要高于诱发马氏体相变的临界应力，就可以产生应力诱发马氏体；去除应力，马氏体立即转变为母相，变形消失。超弹性合金的弹性变形量可达百分之几到 20%，且应力与应变是非线性的。

7.3.2　形状记忆合金的应用

（1）工程方面

形状记忆合金用量最大的用途是作连接件、紧固件。优点是：①夹紧力大，接触密封可靠；②十余部已焊接的接头；③可以连接金属与塑料等不同材料；④安装技术要求不高。预先将形状记忆合金管接头内径作成比待接管外径小 4%，在 M_S 温度以下马氏体非常柔软，将接头扩张并插入待接管，在高于 A_S 的使用温度，接头内径复原。美国 Raychem 公司用 Ti-Ni 形状记忆合金做战斗机管接头；形状记忆合金作为铆钉（图 7-4），可用于原子能工业中，远距离组装工作；还可焊接为网状金属丝，作为安全接头，应用于密封、电气连接、电子工程机械等装置，在 $-65\sim300℃$ 可靠工作。

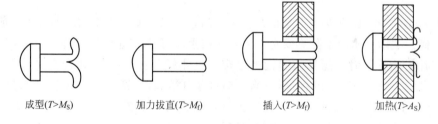

成型($T>M_S$)　　加力拔直($T>M_f$)　　插入($T>M_f$)　　加热($T>A_S$)

图 7-4　形状记忆铆钉原理示意

利用形状记忆合金的双向记忆功能科制造机器人部件，还可制造热机，实现热能-机械能的转换。制造精密仪器或精密车床，一旦由于种种原因变形，只需加热即可排除故障。类似地，还有空调器阀门、取暖温度调节器、恒温器等。

（2）医学方面

Ti-Ni 形状记忆合金还具有良好的生物相容性、生理溶液中的耐蚀性，在医学方面应用最有成效。已用于齿形矫正用丝、脊椎侧弯矫正棒、人工肢体关节接合器、骨折固定板、妇女避孕环等。用超弹性 Ti-Ni 合金做牙齿矫正丝，即使应变高达 10% 也不会产生塑性变形，且弹性模量呈非线性特征，即应变增大时矫正力波动很小，操作简单、效果好、患者不适感轻。形状记忆合金还可制作人工心脏瓣膜、血管过滤网、防止血栓的静脉过滤器等。

(3) 航天方面

利用镍-钛（Ni-Ti）系形状记忆智能材料研制的卫星的无线电通信天线如图7-5所示。首先将Ni-Ti合金丝加热到高温65℃，使其转变为奥氏体物相（a），然后将合金丝冷却，冷却到65℃以下合金丝转变为新的物相马氏体。在室温下将马氏体合金丝切成许多小段，再把这些合金丝弯成天线形状，并将天线中各小段相互交叉处焊接固定（b），然后把这天线压成小团，使天线的体积减小到千分之一，以便于宇宙飞船携带（c）。到达太空后由太阳强烈辐射将这天线小团加热到77℃，马氏体完全转变为奥氏体，天线便会自动张开，完全恢复原来的大小和形状（d）。此外，形状记忆智能材料还可应用于多种电子装置和卫星闭锁装置。

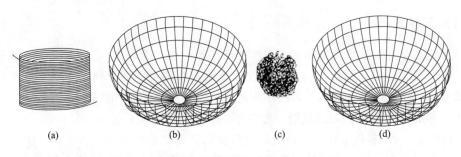

(a)   (b)   (c)   (d)

图7-5　卫星天线工作原理示意

(4) 日常生活方面

在日常生活中，已开发出形状记忆合金阀门，如果水龙头流出的水温达到可能烫伤人的温度，阀门关闭；水温下降到安全温度，阀门重新打开。超弹性Ti-Ni合金丝做眼镜框架，当镜片受热膨胀时，能靠超弹性的恒定力夹牢镜片。Cu-Zn-Al合金制成螺旋弹簧，可用于育苗室、温室等天窗控制器，当室温高于18℃时，弹簧驱动天窗开始打开通风，到25℃全部打开；当室温低于18℃时，弹簧驱动天窗全部关闭。它同时起到温度传感器和驱动器两种功能，既节省能源，又安全可靠。

《《《 7.4　超导材料 》》》

7.4.1　超导材料的性能特点

在临界温度（T_C）以下时，电阻为零，同时完全排斥磁场，即磁力线不能进入其内部，称为超导现象。具有超导现象的材料称为超导材料，是由荷兰物理学家昂尼斯在1911年研究水银低温电阻时发现的。超导材料具有以下特征。

（1）零电阻效应

当温度下降至某一数值 T_C 时，超导体的电阻突然变为零，这一温度称为临界温度。处于超导态的材料能够无损耗地传输电流，如果用磁场在超导环中引发感生电流，这一电流可以毫不衰减地维持下去。

（2）迈斯纳效应

超导材料处于超导态时，只要外加磁场不超过一定值，磁力线不能透入，材料内部磁场恒为零，并表现出完全抗磁性（图 7-6、图 7-7）。

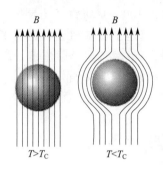

图 7-6　迈斯纳效应示意

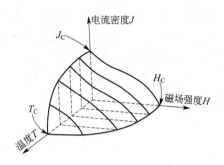

图 7-7　三个临界参数之间的关系

（3）具有临界温度（T_C）、临界电流密度（J_C）和临界磁场（H_C）

与临界温度（T_C）类似，超导体的超导状态在超过临界电流密度（J_C）、临界磁场强度时（H_C）时均会被破坏。要使超导体处于超导状态，必须将其置于三个临界值 T_C、J_C 和 H_C 之下，三者缺一不可，任何一个条件遭到破坏，超导状态即消失，进入常导态。

7.4.2　超导材料的应用

（1）发电和输电

超导材料在超导状态下具有零电阻和完全抗磁性，只需消耗极少的电能就可以获得 10T 以上的稳态强磁场；用常规导体，需要消耗 3.5MW 的电能及大量的冷却水。高速计算机内部超大规模集成电路中密集排列的电路会产生大量的热；超导计算机镇南关的元件互连线用接近零电阻的超导器件制作，不存在散热问题，可使运算速度大大提高。

（2）超导磁悬浮与电磁推进

将具有抗磁性超导材料放在一块永磁铁上方，二者会产生排斥力，使超导体悬浮在磁体上方。利用磁悬浮效应可制作高速超导磁悬浮列车，近期曾创下 603km 时速的世界纪录。超导电磁力推进装置是按照电磁原理设计的，在舰艇上安装电磁铁，在磁场和电流的相互作用下，海水向后运动，在海水的反作用力下，舰艇获得向前的推力。超导舰艇既不需要发动机，也不需螺旋桨，能有效地消除噪声、降低红外辐射，从而大大提高生存能力和快速机动的突防能力。

(3) 产生强磁场

核聚变反应内部温度高达 $(1\sim2)\times10^8℃$，没有任何常规材料可以包容这些物质。超导体产生的强磁场可以作为"磁封闭体"包围、约束并慢慢释放热核反应堆中的超高温等离子体。医疗设备核磁共振机需要产生很强的磁场，采用超导线圈产生高场强（3T）稳定磁场；铁磁永磁材料形成的磁场场强较低，一般不超过 0.5T。

1989 年液氮温区氧化物超导体的发现，以及 2013 年 40K 以上铁基高温超导体的发现均获得国家自然科学一等奖；中国率先成功研制国际首根 100m 量级铁基超导长线，这是铁基超导材料从实验室研究走向产业化的新的里程碑，奠定了铁基超导材料在工业、医学、国防等诸多领域的应用基础。超导应用产品还有超导电缆、超导限流器、超导滤波器、超导储能、风力超导发电机和超导变压器等，具有广阔的市场空间。

≪≪≪ 7.5 储氢材料 ≫≫≫

7.5.1 储氢技术原理

当前最有前景的储氢材料是金属氢化物（储氢合金），在一定的温度和压力条件下，这些金属能够大量"吸收"氢气，反应生成金属氢化物，同时放出热量；将这些金属氢化物加热，她们又会分解，释放出氢。

氢能源是未来的新能源和清洁能源之一，安全、经济地储存和输送是使用氢能源的关键技术。储氢合金的储氢能力很强，单位体积可以储存相当于 1000 个大气压的氢气，不需要笨重的钢瓶和极低温，充放氢安全、简便。

储氢合金大都属于金属氢化物，其特征是由一种吸氢元素或与氢有很强亲和力的元素和另一种吸氢量很小或根本不吸氢的元素共同组成。在一定温度和压力条件下，储氢合金与气态 H_2 发生可逆反应生成金属固溶体 MH_x 和氢化物 MH_y。正向反应吸氢放热；逆向反应释氢吸热，改变外界条件可实现材料的吸氢/放氢功能。

为达到工程应用需要，储氢合金一般应满足易活化、储氢量大、吸/放氢压力和温度适宜、吸/放氢速度快、寿命长、耐中毒、抗粉化、滞后小、价格低、安全等多项要求。储氢合金主要有稀土系、钛系、镁系和锆系等种类。

7.5.2 储氢合金的应用

(1) 镍氢充电电池

传统镍镉电池（Ni-Cd）容量低、有记忆性，而且镉有毒，废电池处理复杂，污染环境，逐渐被用储氢合金做成的镍氢充电电池（Ni-MH）所替代。从电池电量来讲，相同大小的镍氢充电电池电量比镍镉电池高约 $1.5\sim2$ 倍，且无镉的污染，现已经广泛地用于移动通信、笔记本计算机等各种小型便携式的电子设备。

Ni-MH 电池的充/放电机理是氢在金属氢化物（MH）负电极和氢氧化镍正电极之间的氢氧化钾（碱性）电解液中运动。

充电过程　正极：$\quad Ni(OH)_2 + OH^- \longrightarrow NiOOH + H_2O + e^-$

　　　　　负极：$\quad M + H_2O + e^- \longrightarrow MH + OH^-$

放电过程　正极：$NiOOH + H_2O + e^- \longrightarrow Ni(OH)_2 + OH^-$

　　　　　负极：$\quad MH + OH^- \longrightarrow M + H_2O + e^-$

目前，更大容量的镍氢电池已经开始用于汽油/电动混合动力汽车上：汽车低速行驶时，通常会比高速行驶状态消耗更大量的汽油，为了节省汽油、利用镍氢电池可快速充放电特性，当汽车高速行驶时，发电机所发的电可储存在车载的镍氢电池中；低速行驶时可以利用车载的镍氢电池驱动电动机来代替内燃机工作，这样既保证了汽车正常行驶，又节省了大量的汽油。混合动力车相对传统意义上的汽车具有更大的市场潜力，世界各国目前都在加紧这方面的研究。

（2）氢气分离、回收和净化

化学工业、石油精制以及冶金工业生产中，排出大量含氢尾气，有些达到 $50\%\sim60\%$，目前多采用排空或燃烧处理，如能加以回收利用，有巨大的经济效益。利用储氢合金对氢原子有特殊的亲和力，而对其他气体杂质择优排斥的特性，即利用储氢合金具有只选择吸收氢和排除不纯杂质的功能，不但可以回收废气中的氢，还可以使氢纯度高于 99.9999% 以上，价格便宜、安全，具有十分重要的经济效益和社会意义。目前常用的合金有 $LaNi_5$、$LaCu_4Ni$、$MnNi_{4.5}Al_{0.5}$、$LaNi_{4.7}Al_{0.3}$、Mg_2Ni 等。

（3）其他应用

一些金属化合物类储氢材料分解、吸收氢时，氢以氢原子状态存在其表面，使其表面具有相当大的活性，可作为化工催化剂使用。储氢合金具有在吸氢时放出大量热；放氢时吸收大量热的特性，可进行热的储存和传输，制造制冷或采暖设备。如利用储氢合金可以制造能降温到 77K 的制冷机。

≪≪ 7.6　其他新型材料 ≫≫

7.6.1　超塑性合金

金属在高于超塑性温度（T_S）和小应力状态下，会表现出像麦芽糖一样的黏滞现象，具有极大伸长率和很小变形抗力，称为超塑性现象。从本质上讲，超塑性是高温蠕变的一

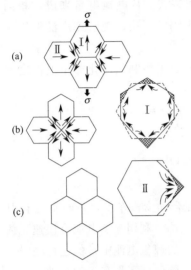

图 7-8　超塑性变形时
物质转移示意

种，可分为细晶超塑性和相变超塑性两大类。

细晶超塑性合金具有稳定的超细晶组织，细晶组织在热力学上是不稳定的，为保持组织稳定性，必须有两相共存或弥散分布粒子存在。超塑性变形主要是通过晶界移动和晶粒转动实现的，在超塑性流动中晶粒仍然保持等轴状，而晶粒的取向却发生明显变化。如图 7-8 所示，经（a）到（c）的过程中，不仅发生晶界的相对滑动，还发生由物质转移所造成的晶粒协调变形，这都是由体扩散和晶界扩散来完成的。

相变超塑性是指合金受小应力作用时，在其箱变温度上下反复加热冷却获得极大伸长率的现象。相变超塑性不需要超细晶粒，但必须具有固态相变，如纯金属及合金中的同素异构转变、珠光体转变等都有可能发生相变超塑性。奥氏体状态的合金钢在 M_S 与 M_d 之间的形变过程中连续发生马氏体相变，导致材料具有很大的塑性，称为相变诱导超塑性奥氏体钢，具有高强度和高韧性，强度可达到 1960MPa。

7.6.2　高温材料

高温材料一般是指在 600℃ 以上，甚至 1000℃ 以上工作的材料。最常见的高温材料是高温合金，具有优异的高温强度、抗氧化、抗热腐蚀性能、疲劳性能、断裂韧性等综合性能，是军民用燃气涡轮发动机热端部件不可替代的关键材料，其发展和使用温度的提高与航空航天技术的发展紧密相关。

常见的高温合金有铁基、镍基和钴基三种。铁基高温合金由奥氏体不锈钢发展而来，加入较多的镍以稳定奥氏体，成本较低但抗氧化性和高温强度都不足，可以用来制作一些使用温度较低的航空发动机和工业燃气轮机部件。镍基高温合金含镍量超过 50%，使用温度可达 1000℃，现代喷气发动机中，涡轮叶片几乎全部采用镍基高温合金制造。钴基高温合金在 1000℃ 以上却显示出更优异的抗热腐蚀性能，适于制作航空喷气发动机、工业燃气轮机、舰船燃气轮机的导向叶片和喷嘴导叶以及柴油机喷嘴等。

采用雾化高温合金粉末，经热等静压成型或热等静压后再经锻造成型的生产工艺制造出粉末高温合金部件。粉末颗粒细小、冷却速度快、成分均匀、无偏析，且晶粒细小、热加工性好、金属利用率高、成本低，合金的屈服强度和疲劳性能有较大的提高。

金属间化合物是一类轻比重高温材料，我国在 Ti-Al 和 Ni-Al 系等材料的制备加工、韧化和强化、力学性能及应用研究方面取得了令人瞩目的成就。Ti_3Al 基、TiAl 基合金具有低密度（3.8～5.8g/cm^3）、高温高强度、高钢度以及优异的抗氧化、抗蠕变等优点，可以使结构件减重 35%～50%；Ni_3Al 基合金具有很好的耐腐蚀、耐磨损和耐气蚀性能。

氮化硅陶瓷已成为制造陶瓷发动机的重要材料，其不仅有良好的高温强度、热膨胀系数小、热导率高、抗热震性能好。用高温陶瓷材料制成的发动机可在比高温合金更高的温度下工作，提高效率。

7.6.3 电接触材料

电接触材料用来制造建立和消除电接触导电构件，如各种开关等。电力、电机系统和电器装置中的电接触位置通常负荷电流较大，采用强电接触材料；仪器仪表、电子与电信装置中的电接触位置负荷电流较小，采用弱电接触材料。

强电接触材料应具有低的接触电阻、高的耐电压强度和灭弧能力，一定的机械强度、耐电蚀、耐磨损。纯金属很难同时满足上述条件，一般使用合金材料。如空气开关电接触材料主要为银系合金（Ag-CdO、Ag-Fe、Ag-W、Ag-石墨等）和铜系合金（Cu-W、Cu-石墨等）。真空电接触材料则要求能抗电弧熔焊，且坚硬致密，常用的有 Cu-Bi-Fe、Cu-Fe-Ni-Co-Bi、W-Cu-Bi-Zr 合金等。

弱电接触材料应具有极好的导电性、极高的化学稳定性、良好的耐磨性和抗电火花烧损性。目前大多采用贵金属合金制造，主要有 Ag、Au、Pt 和 Pd 系等四类。其中 Ag 系主要用于高导电性、弱电流场合；Au 系具有最高的化学稳定性，多用于弱电流、高可靠性精密接触点；Pt、Pd 系用于耐蚀、抗氧化、弱电流场合。生产中常用贵金属-非贵金属复合材料或合金涂层等方式节省成本。

7.6.4 永磁材料

永磁磁性材料在磁场中被充磁，当磁场去除后，材料的磁性仍长时保留。永磁体广泛应用于精密仪器仪表、永磁电机、磁选机、电声器件、微波器件、核磁共振设备等。

Al-Ni-Co 系永磁合金具有高剩磁、低温度系数、性能稳定等优点，用于对永磁体性能稳定性要求较高的精密仪器仪表和装置中。Fe-Cr-Co 系永磁合金可冷加工成板材、细棒、可冲压、弯曲、切削、钻孔、铸造等，加工工艺优良但热处理工艺复杂。

钡（锶）永磁铁氧体属于低磁能永磁材料，其矫顽力高、价格低，缺点是最大磁能与剩磁偏低、磁性温度系数高，在产量上居于永磁材料首位，广泛用于家用电器和转动机械装置等。

第三代钕铁硼稀土永磁材料，是目前最高磁能积、矫顽力的一类，其使得永磁材料走向了微小型化及薄型话。我国稀土矿藏量约占世界总量的 80%，在稀土永磁材料研究方面处于国际领先水平。第三代稀土永磁材料广泛应用于制造汽车电机、音响系统、控制系统、无刷电机、传感器、电子表、计算机外围设备、测量仪表等。

复合稀土永磁材料是将稀土永磁粉与橡胶或树脂等混合，经成形和固化得到的复合磁体。具有工艺简单、强度高、耐冲击、磁性能高且可调等优点，应用广泛。

7.6.5 吸波材料

在飞机、导弹、坦克、舰艇、仓库等各种武器装备和军事设施上面涂复吸波材料，就可以吸收侦察电波、衰减反射信号，是反雷达侦察、减少武器系统遭受红外制导导弹和激光武器袭击的一种方法。如美国 B-1 战略轰炸机由于涂覆了吸波材料，其有效反射截面仅为 B-52 轰炸机的 1/50；在 OH-6 和 AH-1G 型眼镜蛇直升机发动机的整流罩上涂覆吸波材料后可使发动机的红外辐射减弱 90% 左右。此外，电磁波吸收材料还可用来隐蔽机场导航、地面设备、舰船桅杆、潜艇潜望镜支架和通气管道等设备。

吸波材料可分为吸收型和干涉型两类，吸收型吸波材料本身对雷达波进行吸收损耗；干涉型吸波材料则是利用吸波层表面和底层两列反射波的振幅相等相位相反进行干涉相消。吸波材料有金属铁微粉、多晶铁纤维、铁氧体、石墨、乙炔炭黑、碳纤维、碳纳米管、碳化硅、导电高分子等多种种类，不仅用于军事，还可用于广播电视、工业、科学、医疗设备、手机、电脑、家用电器等辐射的防护中。

7.6.6 测温材料

测温材料用来制作测温仪表中的核心部件。利用材料的热膨胀特性，可以制造双金属温度计；利用材料热电阻特性可以制作热敏电阻温度计；利用材料热电动势特性可以制作热电偶等。

目前，工业上应用最多的是热电偶材料和热电阻材料。热电偶材料包括制作测温热电偶的高纯金属及合金材料（Ni-Cr、Ni-Al、Pt-Rh 等合金），以及用来制作发电或电制冷器的温差电池用高掺杂半导体材料等。热电阻材料包括纯铂丝、高纯铜线、高纯镍丝以及铂钴、铑铁丝等。

7.6.7 仿生材料

自然界从单细胞组合开始，造就了海藻、水母、昆虫、鸟兽，直至人类这样的生物体，生物化石等，激发了人类仿造天然的灵感。从材料学的角度研究生物体的规律，进行仿生设计，为新材料的设计和制备开辟了新途径。由于仿生材料种类繁多，在这里仅举几个实例说明。

陶瓷材料的脆性和增韧一直是研究的热点问题之一，人们提出长纤维或晶须增韧补强、颗粒弥散强化、相变增韧等多项强韧化措施，取得的成果很有限，没有从本质上解决陶瓷材料的脆性问题。贝壳珍珠层通过简单组成和复杂结构的组合获得了优良的综合性能，在珍珠层中，无机物含量为 99%，以蛋白质为主的有机质不到 1%。根据对珍珠层的研究，我国学者设计了芳纶纤维增强环氧树脂叠层仿珍珠层复合材料，这种仿珍珠层结构的断裂功比对应的陶瓷提高了两个数量级。目前这种仿生陶瓷薄膜涂层制造技术已成为仿生材料工程的重要研究方向之一，为解决陶瓷脆性问题提供了新思路。

一些生物可在干旱的环境中生存，它们已进化出可从稀薄而潮湿的空气中收集水的机制。例如纳米布沙漠甲虫，其翅膀上有一种超级亲水纹理和超级防水凹槽，可从风中吸取水蒸气，当亲水区的水珠越聚越多时，这些水珠就会沿着甲虫的弓形后背滚落入它的嘴中。研究人员发现甲虫背部单独的几何形状凸块可便于凝结水滴，而通过详细的理论模型优化，并将凸块的几何形状与仙人掌刺的不对称和几乎无摩擦涂层的猪笼草结合，他们设计出的新材料，比其他材料可在更短时间内收集和运输较大的水量。这种方法用在工业热交换器上，可显著提高整体能效。

露珠在荷叶上面待不住，荷叶为什么能不沾染脏东西？中科院专家分析了荷叶的表面细微结构，发现其表面有许多乳状突起，这些肉眼看不见的小颗粒，正是"荷花自洁效应"的成因。专家们模仿了荷叶的表面结构，研制出人工仿生荷叶。仿生荷叶实际上是一种人造高分子薄膜，该薄膜具有不沾水和不沾油的性质。同时，仿生荷叶还具有类似荷叶的"自我修复"功能，仿生表面最外层在被破坏的状况下仍然保持了不沾水和自清洁的功能。这项研究可用于开发新一代的仿生表面材料和涂料，可以用于制造防水底片等防水产品；仿生荷叶涂料刷墙将不沾灰尘。

仿生材料的发展日新月异，它已成为生物科学、材料科学、医学、矿物学、化学等众多学科的研究热点，其广阔的研究和应用前景不可估量。生命科学的快速发展对材料科学也带来巨大的启发和推动。生物是最好的材料设计师，是最好的材料加工厂，迄今为止再高明的材料学家也做不出具有高强度和高韧性的动物牙釉质，海洋生物能长出色彩斑斓、坚固又不被海水腐蚀的贝壳等。生物学家研究发现，人类的牙齿并不是直接附着在颚骨上，而是由结实的纤维和齿槽牢固地连接在一起，这种构造有可能启发人们研制具有减震、降噪音等功能的新型材料。

习题与思考题

1. 什么是纳米材料？纳米材料主要有哪些种类？请举出几个纳米材料在工程上应用的例子。

2. 什么是微晶、纳米晶、非晶体？请指出非晶态合金性能的特殊性。

3. 形状记忆效应和超弹性有哪些区别和联系？请举出一个同时应用这两种特性的材料制作部件的例子。

4. 超导材料有哪些优良特性？请思考当前制约超导材料应用的主要障碍是什么？

5. 请从材料学角度举出几个生物体内的优良材料、组织或结构的例子，并探讨它们对新材料开发方面具有哪些启示？

第8章

工程材料的选用 》》》

在机械制造中，要生产出性能好、质量高、成本低且经久耐用的机械零件，必须从材料选择、结构设计、毛坯制造、切削加工等方面进行全面综合考虑，才能达到预期的效果。合理选材是其中一个重要因素。

要做到合理选材，就必须全面分析零部件的服役条件、受力性质及大小和零部件的失效形式等各种因素，提出满足零件工作条件的性能要求，再选择合适的材料并对其进行相应的热处理以满足性能要求。因此，零部件材料的选用是一项复杂而重要的工作，必须做到全面综合考虑。

《《《 8.1 机械零件的失效与分析 》》》

失效是指零件在使用过程中，由于尺寸、形状或材料组织与性能发生变化而失去原有设计应具有的效能。常见的失效有零件完全破坏，严重损伤和不能起到预期作用三种表现形式。特别是那些没有预兆的突然失效，往往会带来严重的后果和巨大的损失，甚至导致重大的事故。比如因火车车轴、车轮的断裂而引起的出轨，轮船因船体断裂而沉没等。因此，要对零件的失效进行分析，找出失效的原因，提出预防的措施，为提高产品质量、重新设计选材和改进工艺提供依据。

8.1.1 机械零件的失效形式

机械零件常见的失效形式有变形失效、断裂失效和表面损失失效三种基本类型。

（1）（过量）变形失效

① 弹性变形失效　任何零件受外力作用时首先会发生弹性变形，但是如果发生过量的弹性变形就会造成零件失效，如镗床的镗杆，如果工作中产生过量弹性变形，就会使零件加工精度下降，而且还会使轴与轴承配合不良，甚至会引起弯曲塑性变形或断裂。

引起弹性变形失效的原因，主要是零部件的刚度不足。要预防弹性变形失效，应选用弹性模量大的材料。

② 塑性变形失效　绝大多数零部件在使用过程中不允许产生塑性变形，但有时由于偶然过载或材料抵抗塑性变形的能力降低时，也会使零件产生塑性变形。当塑性变形超过允许量时零件就会失去其应有的效能。比如压力容器上的紧固螺栓，若因拧得过紧，过载引起螺栓塑性伸长，致使配合面松动，失去密封效果而失效。

（2）断裂失效

断裂是指零件在工作过程中由于应力作用完全分为两个或两个以上部分的现象，致使机器设备和零件无法工作。断裂失效是零件失效的主要形式，根据断裂方式可将其分为韧性断裂、脆性断裂、疲劳断裂、蠕变断裂等。

① 韧性断裂　零件在产生较大塑性变形后导致的断裂为韧性断裂。韧性断裂最典型的例子是光滑试样拉伸时发生颈缩后的断裂。韧性断裂的零件在断裂之前已发生明显的塑性变形，可以提醒人们注意，因此危险性小，容易防范。韧性断裂的断口呈现韧窝状。

② 脆性断裂　材料的断裂之前没有明显塑性变形或塑性变形很小的断裂称为脆性断裂。强度高而塑性、韧度差的材料，脆性断裂倾向较大。脆性断裂常发生在有尖锐缺口或裂纹的零件中，特别是在低温或冲击载荷下最容易发生。脆性断裂按其断口形貌分为解理断裂和晶间断裂。解理断裂的断口呈现河流花样，晶间断裂的断口呈冰糖状。

③ 疲劳断裂　零件在交变应力作用下，在远低于其屈服强度的应力作用下发生的突然断裂，称为疲劳断裂。由于疲劳断裂是在低应力、无明显征兆的情况下发生的，因此，具有很大的危险性和破坏性。据统计，80％以上的断裂失效属于疲劳断裂。疲劳断裂的断口呈现疲劳辉文。

④ 蠕变断裂　蠕变断裂是零件在高温下长期受载荷作用，在低于其屈服点的条件下缓慢发生塑性变形，最终断裂的现象。因此，在高温下工作的材料应具有足够的抗蠕变的能力。

蠕变与温度有关，研究结果表明材料熔点越高，蠕变的抗力越大，即蠕变发生的温度越高。蠕变失效比较容易判断，因为蠕变时有明显的塑性变形。

（3）表面损失失效

由于磨损、疲劳、腐蚀等原因，使零件表面失去正常工作所必需的形状、尺寸和表面粗糙度造成的失效，称为表面损失失效。

① 磨损失效　任何两个相互接触的零件发生相对运动时，其表面会发生磨损，造成零件尺寸变化、精度降低，甚至产生咬死而不能继续工作，这种失效称为磨损失效。比如：轴与轴承、齿轮与齿轮、活塞环与汽缸套等摩擦副在服役时表面产生的损伤。

② 腐蚀失效　零件暴露于活性介质中并与环境介质发生化学和电化学的作用，从而造成零件表面材料的损耗，引起零件尺寸和性能的变化，最好导致的失效称为腐蚀失效。

③ 表面疲劳失效　表面疲劳失效是指两个相互接触的零件相对运动时，在交变应力的作用下，零件表层材料发生疲劳而脱落造成的失效。

8.1.2　机械零件失效的原因和分析方法

(1) 机械零件失效的原因

造成机械零件失效的原因很多，主要有设计、选材、加工、装配使用等因素。

① 设计不合理　机械零件设计不合理主要体现为结构和形状不合理，如零件存在缺口、过渡圆角太小、尖角等会造成较大的应力集中而导致失效。另外，对零件的工作条件及过载情况估计不足，所设计的零件承载能力不足，或对环境的恶劣程度估计不足，忽略或低估了温度、介质等因素的影响等，都会造成零件过早失效。

② 选择不当和材料缺陷　选材所依据的性能指标，不能反映材料对实际失效形式的抗力，不能满足工作条件的要求。另外，材料的冶金质量太差，如存在较多的杂质、夹杂、偏析等，而这些缺陷通常是零件失效的发源地。

③ 加工工艺不合理　机械零件往往要经过冷热成形、焊接、机械加工、热处理等制造工艺。若工艺规范制定不合理，则零件在加工过程中往往会留下各种各样的缺陷。如冷热成形的表面粗糙不平；焊接时产生的焊接裂纹；机加工时留下较深的切削刀痕，磨削裂纹；热处理冷却速度不够、表面脱碳、淬火变形和裂纹等，都是产生失效的主要原因。

④ 装配使用维护不当　在将零件装配成机器或装置的过程中，由于装配不当、对中不好、过紧或过松都会使零件产生附加应力或振动，使零件不能正常工作，造成零件的失效。使用维护不良，不按工艺规程操作，超载、超速、维修和更换不及时等也可使零件在不正常的条件下运转，造成零件过早失效。

(2) 失效分析的方法和步骤

① 现场调查研究和收集资料　收集现场相关信息、失效件残骸，调查有关失效件的设计资料、图样，以及操作、试验记录等有关的技术档案资料。

② 整理分析　对所收集资料、信息进行整理，并从零件的工作环境、受力状态、材料及制造工艺等方面进行分析。

③ 试验研究

a. 材料成分分析及宏观和微观组织分析。检查材料成分是否符合标准，组织是否正常。

b. 宏观和微观断口分析。确定裂纹源及断裂形式，初步确定可能失效的原因。

c. 力学性能分析。测定与失效形式相关的各项力学性能指标，并与设计要求进行比较，核查是否达到额定指标或符合设计参数的要求。

d. 零件受力及环境条件分析。分析零件在装配和使用过程中所承受的正常应力与非正常应力，是否超温运行，是否与腐蚀介质接触等。

e. 模拟试验。对一些重大失效事故，在可能和必要的情况下，应做模拟试验，以验证上述分析后得出的结论。

f. 综合分析。综合各方面的证据资料及分析测试结果，判断并确定失效的主要原因，提出防止和改进措施，写出分析报告。

《《《 8.2 选材的基本原则和方法 》》》

在掌握各种工程材料性能的基础上，正确、合理地选材和使用材料是从事工程构件和机械零件设计与制造的工程技术人员的一项重要任务。

8.2.1 材料选择的一般原则

选材的一般原则是在满足零件使用性能的前提下，综合考虑材料的工艺性能和经济性。即从材料的使用性能、工艺性能和经济性三个方面进行考虑。

(1) 使用性能原则

保证使用性能是保证零件完成指定功能的必要条件。使用性能是指零件在工作过程中应具备的力学性能、物理性能和化学性能，它是选材的最主要依据。对于机械零件，最主要的使用性能是力学性能。通常以抗拉强度作为零件设计的强度指标，塑性指标不直接用于设计计算，它的主要作用是增加零件的抗过载能力，提高零件的安全性。

(2) 工艺性能原则

材料的工艺性能表示材料加工的难易程度。任何零件都要经过一定的加工工艺才能制造出来。在满足使用性能选材的同时，必须兼顾材料的工艺性能。工艺性能的好坏，直接影响零件的质量、生产效率和成本。当工艺性能与使用性能相矛盾时，有时正是从工艺性能考虑，不得不放弃某些使用性能合格的材料，工艺性能实际上称为选材的主导因素。工艺性能对大批量生产的零部件尤为重要，因为大批量生产时，工艺周期的长短和加工费用的高低常常是生产的关键。

金属材料的工艺性能包括铸造性能、锻造性能、切削加工性能、焊接性能和热处理性能等。铸造性能最好的是共晶成分附近的合金。比如铸铝和铜合金的铸造性能优于铸铁，铸铁又优于铸钢。锻造性能最好的是低碳钢，中碳钢次之，高碳钢最差。低碳钢焊接性能最好，随碳和合金元素含量增加，焊接性能下降。铝合金和铜合金的焊接性比碳钢差。热处理工艺性能主要包括淬透性，淬火变形开裂及氧化、脱碳倾向等。钢的含碳量越高，其淬火变形和开裂倾向越大。合金钢的淬透性比碳钢好。

(3) 经济性原则

在满足性能性能要求前提下，尽量选用价格低、加工费用少的材料，使零件的总成本，包括材料的价格、加工费、试验研究费、维修管理费等达到最低，以取得最大的经济效益。如选用一般碳钢和铸铁能满足要求，就不应选用合金钢。在满足使用要求的前提下，可以以铁代钢、以铸代锻、以焊代锻，有效低降低材料成本，简化加工工艺。例如，用球墨铸铁代替锻钢制造中低速柴油机曲轴、铣床主轴等，其经济效益非常显著。对于要求表面性能高的零件，可选用廉价的钢种进行表面强化处理来达到要求。

当然，选材的经济性原则并不仅仅是指选择价格最便宜的材料，而是指运用价值分析、成本分析等方法，综合考虑材料对产品功能和成本的影响，从而获得最优化的技术成果和经济效益。例如，对于一些影响整体生产装置的关键零件，如果选用价格便宜的材料制造，则需经常更换，换件时停车所造成的损失可能很大，这时选用性能好，价格高的材料，其总成本却可能是最低的。

8.2.2　材料选择的方法和步骤

① 分析零件的工作条件　受力情况，包括受力形式（拉伸、压缩、弯曲、扭转等）、载荷性质（静载荷、冲击载荷、交变载荷、载荷分布等）、受摩擦情况，工作环境、温度、介质，特殊性能要求（导热、导电、密度等）。

② 分析失效形式。

③ 确定零件　确定零件应具有的主要力学性能指标，物理性能和化学性能等。

④ 选择材料　根据选材的基本原则确定材料的类型、牌号。

⟪⟪⟪ 8.3　典型零件及工具的选材 ⟫⟫⟫

机械零件种类繁多，选材时要根据具体情况具体分析，下面介绍几类典型零件和工具的材料选择。

8.3.1　轴类零件

轴是机械工业中最基础的零部件之一，主要用以支承传动零部件（如齿轮、凸轮等）并传递运动和动力。

(1) 轴的工作条件及失效形式

① 轴的工作条件　轴承受交变弯曲和扭转复合载荷，有时也承受拉压应力；轴颈承受较强的摩擦作用；在高速运转的过程中会产生振动，使轴承承受冲击作用；在工作中，常常也承受一定的过载载荷。

② 轴的主要失效形式　由于受交变的扭转载荷和弯曲疲劳载荷的长期作用造成轴的疲劳断裂，这是最主要的失效形式。承受过载或冲击载荷作用，造成轴折断或扭断产生断裂失效。轴颈或花键处的过度磨损使形状、尺寸发生变化。

（2） 对轴类零件材料的性能要求

轴类零件所用材料应具备以下性能：高的疲劳强度，以防止疲劳断裂。良好的综合力学性能，以防止冲击或过载断裂。良好的耐磨性能，以防止轴颈磨损。

（3） 典型轴的选材

对轴类零件进行选材时，应根据工作条件和技术要求来决定。对于承受中等载荷、转速又不高的轴，大多选用中碳钢（如 45 钢）进行调整或正火处理；对于一些性能要求高的轴，可选用合金调质钢（如 40Cr）并进行调质处理；对于要求耐磨的轴颈和锥孔部位，在调质之后需进行表面淬火；当轴承受重载荷、高转速、大冲击时，应选用合金渗碳钢（如 20CrMnTi）进行渗碳淬火处理。

① 机床主轴　机床主轴主要承受交变扭转和弯曲载荷，但载荷和转速不高，冲击载荷也不大，轴颈和锥孔处承受摩擦。因此，主轴应具有良好的综合力学性能，花键、轴颈和锥孔表面应具有较高的硬度和耐磨性。根据以上分析，可选用 45 钢，经调质处理后，硬度为 220～250HBW，轴颈和锥孔处需进行表面淬火，硬度为 50～52HRC。其工艺路线为：

下料→锻造→正火→机加工（粗）→调质→机加工（半精）→高频感应淬火＋低温回火→磨削。

正火的目的是均匀组织，细化晶粒；消除锻造应力，改善切削加工性能。调质的目的是获得回火索氏体，使主轴整体具有较好的综合力学性能，为表面淬火做好组织准备。高频感应淬火可使轴颈及锥孔表面得到高硬度、高耐磨性和高的疲劳强度；低温回火可消除应力，防止磨削时产生裂纹，并保持高硬度和高耐磨性。

② 内燃机曲轴　曲轴是内燃机的主要零件之一，工作时承受扭转、弯曲载荷以及振动和冲击力的作用，要求曲轴具有高的强度，一定的冲击韧性和弯曲、扭转疲劳强度，轴颈处要有高硬度和高耐磨性。中小功率的内燃机曲轴最常用的材料是 45 钢和球墨铸铁，高速大功率内燃机曲轴一般采用合金钢，如 35CrMo、42CrMo、50CrMoA 等。

用 45 钢制造曲轴的工艺路线：

下料→锻造→正火→机加工（粗）→调质→机加工（半精）→轴颈表面淬火＋低温回火→精磨。

各热处理工序的作用与机床主轴相同。

用球墨铸铁制造曲轴的工艺路线：

备料→熔炼→铸造→正火→高温回火→机加工→轴颈表面淬火或软氮化处理。

铸造质量是球墨铸铁的关键。首先要保证铸铁的球化良好、无铸造缺陷，然后再经风冷正火，以增加 P 含量并细化 P，提高其强度、硬度和耐磨性。高温回火的目的是消除正火所造成的内应力。

③ 汽车半轴　汽车半轴是传递扭矩、直接驱动车轮转动的重要部件。承受反复弯曲疲劳和扭转应力的作用，工作应力较大，且受相当大的冲击载荷。要求材料有足够的抗弯强度、抗疲劳强度和较好的韧性。半轴是综合力学性能要求较高的零件，一般选用中碳调质钢制造。中小型汽车半轴选用 40Cr、40MnB 等制造，而大型载重汽车则用淬透性高的 40CrNi、40CrNiMo 制造。

以 130 载重汽车半轴为例，选用 40Cr 钢可满足要求，其加工工艺路线为：

下料→锻造→正火→机加工→调质→盘部钻孔→磨削花键。

正火的目的是均匀组织，细化晶粒；消除锻造应力，改善切削加工性能，并为随后调质处理做组织准备。调质的目的是使半轴具有较高的综合力学性能。

8.3.2 齿轮类零件

(1) 齿轮的工作条件及失效形式

① 齿轮的工作条件　齿轮是机械工业中应用最为广泛的主要传动件之一，它主要用于传递动力、改变运动速度和方向。齿轮工作时，由于传递扭矩，齿根承受较大的交变弯曲应力。齿面相互啮合，在齿面接触处既有滚动又有滑动，承受较大的接触应力，并发生强烈的摩擦。当换挡、启动或啮合不良时还要承受到冲击力的作用。

② 齿轮的主要失效形式　齿轮的主要失效形式有：轮齿折断、齿面磨损、齿面接触疲劳破坏和过量塑性变形。

(2) 对齿轮类零件材料的性能要求

齿轮用材应满足下列性能要求：高的抗弯曲疲劳强度；足够高的齿心强度和韧性，足够高的齿面接触疲劳强度和高的硬度、耐磨性。此外，还要求材料有较好的加工工艺性能，如良好的切削加工性能、良好的淬透性、热处理变形小等。

(3) 典型齿轮的选材

① 机床齿轮　机床齿轮的工作条件平稳，无强烈冲击，载荷不大，转速中等，对齿轮心部强度和韧性要求不高。一般选用中碳钢（如 45 钢）制造，经调质后心部有足够的强韧性，能承受较大的弯曲应力和冲击载荷。表面采用高频淬火强化，硬度可达 52HRC，耐磨性得到提高，且因在表面造成一定压应力，也提高了抗疲劳破坏的能力。其加工工艺路线为：

下料→锻造→正火→粗加工→调质→精加工→高频感应淬火＋低温回火→精磨。

工艺路线中正火可消除锻造应力，均匀组织，细化晶粒，改善切削加工性能。调质处理可使齿轮心部具有较好的综合力学性能，以承受交变弯曲应力和冲击载荷。高频感应淬火可提高齿面的硬度和耐磨性，低温回火可消除应力，防止磨削时产生裂纹。

② 汽车、拖拉机齿轮　汽车、拖拉机的工作条件比机床齿轮差，特别是主传动系统中的齿轮。它们受力较大，受冲击较频繁。因此在耐磨性、疲劳强度、抗冲击能力等方面要求比机床齿轮高。一般选用渗碳钢 20CrMnTi 制造。其加工工艺路线为：

下料→锻造→正火→机加工→渗碳、淬火＋低温回火→喷丸→磨削。

20CrMnTi 钢的热处理工艺性能较好，淬透性好，渗碳淬火后变形小。在渗碳、淬火＋低温回火后，表面硬度可达 58～62HRC，心部硬度 30～45HRC。为进一步提高齿轮的耐用性，渗碳、淬火＋低温回火后，还可采用喷丸处理，增大表面压应力，提高齿轮抗疲劳的性能。

8.3.3 弹簧

(1) 弹簧的工作条件及失效形式

① 弹簧的工作条件 弹簧的基本作用是利用材料的弹性和弹簧本身的结构特点，在外力作用下产生变形时把机械功或动能转变为形变能，在恢复变形时把形变能转变为动能或机械功。弹簧在外力作用下，压缩、拉伸、扭转时材料将承受弯曲应力或扭转应力。缓冲、减振或复原用的弹簧承受交变应力和冲击载荷的作用。某些弹簧还受到腐蚀介质和高温的作用。

② 弹簧的主要失效形式 弹簧的主要失效形式有塑性变形、疲劳断裂、快速脆性断裂、腐蚀断裂等，高温下工作的弹簧还会产生蠕变和应力松弛，产生永久变形。

(2) 对弹簧类零件材料的性能要求

弹簧用材应具有高的弹性极限和屈强比，高的抗疲劳能力，材质好且表面质量好。某些弹簧还应有良好的耐蚀性和耐热性。

(3) 典型弹簧的选材

① 汽车板簧 汽车板簧用于缓冲和吸振，承受很大的交变应力和冲击载荷的作用，需要高的屈服强度和疲劳强度，一般选用 65Mn、60Si2Mn 制造。中型或重型汽车，板簧用 50CrMn、55SiMnV 钢；重型载重汽车大截面板簧用 55SiMnMoV、55SiMnMoVNb 钢制造。

汽车板簧的加工工艺路线为：

热轧钢带（板）冲裁下料→压力成形→淬火＋中温回火→喷丸强化。

淬火＋中温回火后获得回火托氏体组织。屈服强度不低于 1100MPa，硬度为 42～47HRC，冲击韧度为 250～300kJ/m²。

② 火车螺旋弹簧 火车螺旋弹簧用于机车和车厢的缓冲和吸振，其使用条件和性能要求与汽车板簧相近，可使用 50CrMn、55SiMnMoV 制造。

③ 气门弹簧 内燃机气门弹簧是一种压缩螺旋弹簧。其用途是在凸轮、摇臂或挺杆的联合作用下，使气门打开和关闭，承受应力不大，可采用淬透性比较好、晶粒细小，有一定耐热性的 50CrVA 制造。

8.3.4 箱体

箱体是机器的基础零件，如机床床身、床头箱、变速箱、进给箱、内燃机缸体等都是箱体类零件。其作用是保证箱体内各零件的相对位置，使运动零件能协调运转。当机器工作时，箱体要承受内部零件间的作用力及它们的质量等。因此对箱体的力学性能要求是：要具有足够的强度和刚度；对精度要求高的机器箱体，要求有良好的减震性；对于有相对运动的表面要求有足够的硬度和耐磨性；具有良好的工艺性能，如铸造性能和焊接性能。

箱体类零件一般具有形状复杂、体积大、壁厚小等特点，因此一般选用铸造合金浇铸而成。制造箱体类零件常用铸铁和铸钢两类材料。灰口铸铁的制造性能好、吸振能力强、抗压强度高、价廉，是制造箱体的合适材料。

受力很小，要求耐蚀或质量很小的箱体零件，可考虑选用工程塑料，如 ABS、有机玻璃、尼龙等。

受力不大、且主要承受静载荷而不受冲击的箱体零件，可考虑选用灰口铸铁，如一般的床身、变速器箱体等都由灰口铸铁制造，常用的牌号有 HT150、HT200、HT250 等。

受力较大，形状复杂的箱体零件可用铸钢制造，如汽轮机的机壳，常用牌号 ZG250-450、ZG270-500 等；承受载荷及冲击较大或单件生产的箱体可用焊接结构，如用焊接性能好的 Q235、20、Q345 等钢焊接而成。

对于强度、韧度和耐磨性要求较高的箱体，可用球墨铸铁来生产，如 QT400-18、QT500-07 等。

采用灰铸铁或焊接件生产的箱体，其热处理工艺常采用去应力退火来消除铸造应力，减少变形，防止开裂。对于箱体中某些要求耐磨的部位，可进行表面淬火。

采用球墨铸铁生产的箱体，一般应采用去应力退火来消除较大的内应力，还可采用正火或淬火来提高强度和耐磨性。

采用铸钢生产的箱体，应进行完全退火或正火，以消除粗晶组织及内应力，再通过调质来提高箱体的综合力学性能。

8.3.5　刃具

刃具是用于切削各种金属和非金属的工具，其种类很多，常用的有车刀、刨刀、铣刀、钻头、铰刀、丝锥、板牙、镗刀、拉刀和滚刀等。

(1) 刃具的工作条件及失效形式

① 刃具的工作条件　刃具切削材料时，受到被切削材料的强烈挤压，刃部受到很大的弯曲应力。某些刃具（如钻头、铰刀）还会受到较大的扭转应力作用。刃具刃部与被切削材料强烈摩擦，刃部温度可升至 500～600℃。机用刃具往往承受较大的冲击与振动。

② 刃具的主要失效形式　刃具的失效形式主要有磨损、断裂和刃部软化三种。与被切削材料强烈摩擦会导致刃具磨损；在冲击力及振动的作用下刃具也会折断或崩刃；由于刃部温度升高，若刃具材料的热硬性低或高温性能不足，使刃部硬度显著下降，丧失切削加工能力。

(2) 对刃具材料的性能要求

刃具材料应具有高硬度、高耐磨性和高的热硬性，强韧性好，淬透性好的性能特征。

(3) 刃具的选材

制造刃具的材料有工具钢（如碳素工具钢、合金工具钢、高速工具钢）、硬质合金、陶瓷和超硬刀具材料（如金刚石、立方氮化硼）等，根据刃具的使用条件和性能要求不同进行选用。

简单、低速的手用刃具，如手锯锯条、锉刀、木工用刨刀、凿子等对热硬性和强韧性的要求不高，主要的使用性能是高硬度、高耐磨性，因此可用碳素工具钢制造，如 T8、T10、T12 钢等。碳素工具钢的价格较低，但淬透性差。

低速切削、形状较复杂的刃具，如丝锥、板牙、拉刀等，可用低合金刃具钢 9SiCr、CrWMn 制造。因钢中加入了 Cr、W、Mn 等元素，使钢的淬透性和耐磨性大大提高，耐热性和韧性也有所改善，可在小于 300℃的温度下使用。

高速切削用刃具，选用高速工具钢（W18Cr4V、W6Mo5Cr4V2 等）制造。高速工具钢具有高硬度、高耐磨性、高的热硬性、良好的强韧性和高的淬透性的特点，在刃具制造中广泛使用，用来制造车刀、铣刀、钻头和其他复杂且精密的刀具。高速工具钢的硬度为 62～68HRC，切削温度可达 500～550℃，价格较贵。

硬质合金是由硬度和熔点很高的碳化物（TiC、WC）和金属用粉末冶金的方法制成，常用硬质合金的牌号有 YG6、YG8、YT5、YT15 等。硬质合金的硬度很高（89～94HRA），耐磨性、耐热性好，使用温度可达 1000℃。它的切削速度比高速工具钢高几倍。硬质合金制造刀具时的工艺性比高速工具钢差。一般制成形状简单的刀头，用钎焊的方法将刀头焊接在碳钢制造的刀杆或刀盘上。硬质合金刀具用于高速强力切削和难加工材料的切削。硬质合金的抗弯强度较低，冲击韧度较差，价格贵。

陶瓷由于硬度极高、耐磨性好、热硬性极高，也用于制造刃具。热压氮化硅（Si_3N_4）陶瓷显微硬度为 5000HV，耐热温度可达 1400℃。立方氮化硼的显微硬度可达 8000～9000HV，允许的工作温度达 1400～1500℃。陶瓷刀具一般为正方形、等边三角形，装夹在夹具中使用。用于各种淬火钢、冷硬铸铁等高硬度难加工材料的精加工和半精加工。但陶瓷刀具的抗冲击能力较低，易崩刃。

(4) 刃具选材举例

① 手用丝锥　手用丝锥是用来加工金属零件内孔螺纹的刀具，因为它属于手动攻螺纹，故承受载荷较小，切削速度很低，其失效形式是磨损及扭断，因此齿刃部分要求高硬度和高耐磨性，以抵抗扭断。丝锥的齿刃硬度为 59～63HRC，柄部为 30～45HRC，宜选用含碳量比较高的钢，使淬火后获得高碳马氏体组织，以提高硬度，并形成较多的碳化物以提高耐磨性。手用丝锥对热硬性、淬透性要求较低，承受载荷很小，因此选用 $w_C = 1.0\% \sim 1.2\%$ 的碳素工具钢即可。另外，考虑到提高丝锥的韧度及减小淬火时开裂的影响，应选用硫、磷杂质极少的高级优质碳素工具钢，常用 T12A、T10A。

M12 手用丝锥采用 T12A 材料，其加工工艺为：

下料→球化退火→机械加工→淬火＋低温回火→柄部处理→防锈处理。

淬火＋低温回火后获得回火马氏体＋碳化物＋残留奥氏体的组织，硬度大于 60HRC，具有高的耐磨性。丝锥柄部因硬度要求较低，故可浸入 600℃的硝盐炉中进行快速回火处理。

② 齿轮滚刀　齿轮滚刀是生产齿轮的常用刃具，用于加工外啮合的直齿和斜齿渐开线圆柱齿轮。其形状复杂，精度要求高。齿轮滚刀可用 W18Cr4V 高速钢制造。其工艺路

线为：

热轧棒材下料→锻造→球化退火→粗加工→淬火→回火→精加工→表面处理。

W18Cr4V 的始锻温度为 1150～1200℃，终锻温度为 900～950℃。锻造的目的一是成形，二是破碎、细化碳化物，使碳化物均匀分布，防止成品刃具崩刃。由于高速工具钢淬透性很好，锻后在空气中冷却即可得到淬火组织，因此锻后应慢冷。锻件应进行球化退火，以便于机加工，并为淬火作好组织准备。

精加工包括磨孔、磨端面、磨齿等磨削加工。精加工后刃具可直接使用。为了提高其使用寿命，可进行表面处理，如硫化处理、硫氮共渗、离子氮碳共渗-离子渗硫复合处理、表面涂覆 TiN、TiC 涂层等。

8.3.6 模具

模具是用来制作成型物品的工具，是在外力作用下使坯料成为有特定形状和尺寸的制件的工具。广泛用于冲裁、模锻、冷镦、挤压、粉末冶金件的压制、压力铸造，以及工程塑料、橡胶、陶瓷等制品的压塑或注塑的成形加工中。模具是精密工具，形状复杂，承受坯料的胀力，对结构强度、刚度、表面硬度、表面粗糙度和加工精度都有较高要求，模具生产的发展水平是机械制造水平的重要标志之一。

(1) 模具材料的性能要求

进行模具选材时，首先必须考虑模具材料的使用性能。在众多使用性能中，材料的耐磨性、韧性、硬度和热硬性是最主要的。当然，对于一副模具来说，可能其中的一种或两种性能是主要的，而另外的性能是次要的。

① 耐磨性　模具工作时，其表面往往要与工件产生多次强烈的摩擦，在此情况下模具必须仍能保持其尺寸精度和表面粗糙度，即要求模具材料具有足够的耐磨性。模具材料的耐磨性往往是决定模具使用寿命的重要因素。

② 韧性　对于承受强烈冲击载荷的模具，如冷作模具的冲头、锤锻用热锻模具、冷镦模具、热镦锻模具等，模具材料的韧性是十分重要的考虑因素。对于在高温下工作的模具，必须考虑其在工作温度下的高温韧性；对于受多向冲击载荷的模具，还必须考虑其等向性。

③ 硬度和热硬性　硬度是模具材料的主要技术性能指标，模具在工作时必须具有高的硬度，才能保持原来的形状和尺寸。一般冷作模具钢要求硬度为 60HRC 左右，热作模具钢为 45～50HRC，并且要求热作模具材料在其工作温度下仍保持一定的硬度。

热硬性是指模具材料在一定温度下保持其组织和硬度稳定的能力。对于热作模具材料和部分重载荷冷作模具材料，热硬性是重要的性能指标。

除上述性能外，还要根据不同模具的实际工作条件，分别考虑其实际要求的性能，如对于热作模具钢要考虑其抗冷热疲劳的性能；对于压铸模具应考虑其耐融熔金属冲蚀的性能；对于重载荷型腔模具应注意其等向性；对于高温工作的热作模具应考虑其在工作温度下的抗氧化性能；对于在腐蚀介质中工作的模具，应注意其耐蚀性；对于在重载荷下工作的模具，应考虑其抗压强度、抗拉强度、抗弯强度、疲劳强度及断裂韧度等。

（2）模具的选材

① 冷作模具的选材　冷作模具是在室温下进行压力加工的模具。根据工作条件主要有冷冲压模、冷剪切模、冷冲裁模、冷挤压模、冷拉深模、冷镦模、拉丝模、滚丝模、压印模等。

冷作模具的失效形式主要是开裂、断裂、折断、崩刃、磨损、疲劳、塑性变形等。

以冷冲裁模为例介绍冷作模具材料的选用。

冷冲裁模具材料应根据被加工工件的材料种类、厚度、生产批量、尺寸和形状复杂程度、工作载荷大小、失效形式、模具成本等因素，合理地进行选择。

a. 加工低硬度的纸板、软质塑料板、铝、镁、铜等非铁金属，且生产批量不大时，可选用碳素工具钢（T8A、T10A）或低合金冷作模具钢（9Mn2V、9SiCr）作为模具材料。

b. 对于大中型模具，制造工艺复杂，加工成本高，而材料成本仅占 20% 左右，可选用高耐磨、高淬透性、变形小的高碳中铬钢（CrWMn）、高铬钢（Cr12MoV）、高速工具钢（W18Cr4V）等来制造。

c. 对于大量生产的冷冲裁模，要求使用寿命高的可选用硬质合金（YG15）和钢结硬质合金（YE65）来制造。

② 热作模具的选材　热作模具是指对加热到再结晶温度以上的金属材料进行压力加工的工艺装备。根据工作条件，热作模具可分为热锻模、热挤压模、压铸模和热冲裁模等。热作模具在工作中既受压应力的作用，又受热应力的作用，从而使模具的服役条件非常复杂。

热作模具的失效形式主要是断裂、早期龟裂、冲蚀、变形、疲劳损伤等方面。

热作模具的工作条件相当复杂，为了满足其使用要求，对制造模具的材料要求较高。如较高的高温强度和硬度，良好的韧性，高的热硬性，高温耐磨性，优良的耐热疲劳性，高的热稳定性、热熔损性和抗氧化性，以及良好的加工工艺性能（包括可加工性、热处理工艺性、锻造性）等。

以热锻模为例介绍热作模具材料的选择。

热锻模具在使用过程中，各部位会承受到复杂的应力，如拉应力、压应力、弯曲应力等，还受到反复的冲击载荷，特别是锤用模具，受到很强的冲击载荷，随着模锻吨位的增加，冲击载荷进一步加大，同时还承受剧烈的急冷急热循环。

根据热锻模具的工作条件，对采用的模具用钢的性能提出的要求有：必须具有良好的抗冷热疲劳性能；有一定的高温强度和硬度；有较好的抗回火软化能力；特别对于大型模具，还必须有非常高的淬透性，另外还要有较好的冲击韧性和断裂韧度。

锻压模具用钢主要有 5CrMnMo、5CrNiMo、5Cr2NiMoV、4Cr5MoSiV1 等钢种。其中 5CrMnMo、5CrNiMo 是用途较广的模锻锤用材料。5CrNiMo 有较好的冲击韧度和综合力学性能、较好的淬透性，可用于制造中等截面尺寸的模具。5CrMnMo 主要用于制造小型模具，对于有些大型模具，5CrMnMo 钢的淬透性就显得不足，需要采用合金含量较高的并且加入钒的 5CrNiMoV 钢。4Cr5MoSiV1 和 4Cr3Mo3SiV 钢的高温强度和回火稳定性都优于 5CrNiMo，广泛地应用于锻造压力机用的模具制造材料，具有较好的使用效果。

对于特大型锻压模具，由于对淬透性的要求特别高，需要采用合金含量较高的钢种。常选用高镍铬含量的镍铬钼钒钢制造，如 3Cr2Ni2MoV 等钢种。

习题与思考题

1. 零件的失效方式有哪些？

2. 选择零件材料应遵循哪些原则？

3. 给下列零件选择合适的材料，并制定热处理工艺。

1）机床齿轮；2）柴油机曲轴；3）冷冲模；4）气门弹簧；5）丝锥

4. 某工厂用 T10 钢制造钻头，给一批铸件钻 10mm 的深孔，但钻几个孔后钻头即很快磨损。据检验，钻头的材质、热处理、金相组织和硬度都合格，问失效原因和解决方案。

5. 有 Q235AF、65、20CrMnTi、60Si2Mn、T12、45、W18Cr4V 等钢材，请选择一种钢材制作汽车变速箱齿轮（高速中载受冲击），并写出工艺路线，说明各热处理工序的作用。

参 考 文 献

[1] 于永泗. 机械工程材料. 第9版 [M]. 大连：大连理工大学出版社，2012.

[2] 沈莲. 机械工程材料 [M]. 北京：机械工业出版社，2000.

[3] 喻枫，陈淑花. 工程材料与热处理 [M]. 合肥：合肥工业大学出版社，2016.

[4] 王俊勃，屈银虎，贺辛亥. 工程材料及应用 [M]. 北京：电子工业出版社，2016.

[5] 孙刚，于晗. 工程材料及其应用 [M]. 北京：冶金工业出版社，2012.

[6] 王高潮. 材料科学与工程导论 [M]. 北京：机械工业出版社，2006.

[7] 崔忠圻，覃耀春. 金属学与热处理 [M]. 北京：机械工业出版社，2007.

[8] 张文灼，赵宇辉. 机械工程材料与热处理 [M]. 北京：机械工业出版社，2016.

[9] 赵乃勤. 热处理原理与工艺 [M]. 北京：机械工业出版社，2012.

[10] 薄鑫涛，郭海祥，袁凤松. 实用热处理手册. 第2版 [M]. 上海：上海科学技术出版社，2014.

[11] 胡凤翔，于艳丽. 工程材料及热处理 [M]. 北京：北京理工大学出版社，2008.

[12] 孙齐磊，邓化凌. 工程材料及其热处理 [M]. 北京：机械工业出版社，2014.

[13] 何宝芹，喻枫. 工程材料及热处理 [M]. 武汉：华中科技大学出版社，2012.

[14] 欧雪梅，江利. 工程材料 [M]. 徐州：中国矿业大学出版社，2011.

[15] 贺毅，向军，胡志华. 工程材料 [M]. 成都：西南交通大学出版社，2015.

[16] 朱征. 工程材料 [M]. 北京：国防工业出版社，2014.

[17] 朱张校，姚可夫. 工程材料学 [M]. 北京：清华大学出版社，2012.

[18] 刘胜新. 新编钢铁材料手册. 第2版 [M]. 北京：机械工业出版社，2016.

[19] 孙志平. 工程材料及其应用 [M]. 北京：电子工业出版社，2015.

[20] 司乃潮. 有色金属材料及制备 [M]. 北京：化学工业出版社，2006.

[21] 李长青，张宇民，张云龙. 功能材料 [M]. 哈尔滨：哈尔滨工业大学出版社，2014.

[22] 陈光，崔崇，徐锋，张士华. 新材料概论 [M]. 北京：国防工业出版社，2014.

[23] 刘瑞堂. 机械零件失效分析与实例 [M]. 哈尔滨：哈尔滨工业大学出版社，2015.

[24] 许并社. 纳米材料及应用技术 [M]. 北京：化学工业出版社，2003.